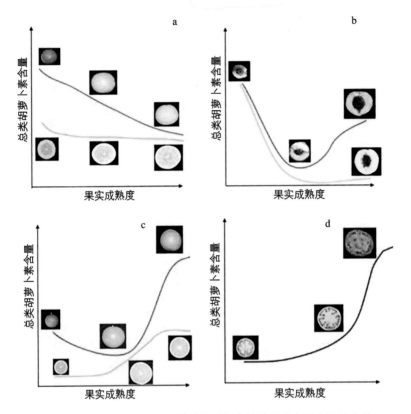

彩图1　不同果实组织和品种成熟过程中总类胡萝卜素含量的变化

注：白葡萄柚果皮和果肉（a），橙色和白色果肉桃（b），甜橙果皮和果肉（c），番茄果皮（d）。

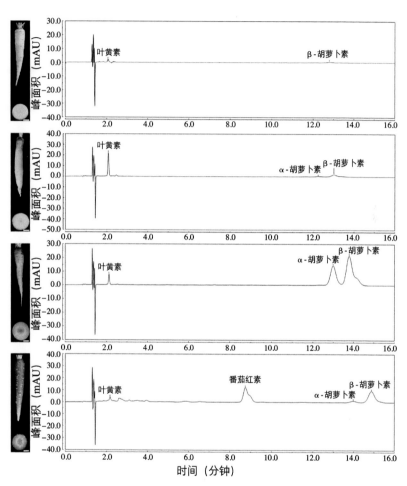

彩图2 不同类型胡萝卜肉质根中主要色素组成

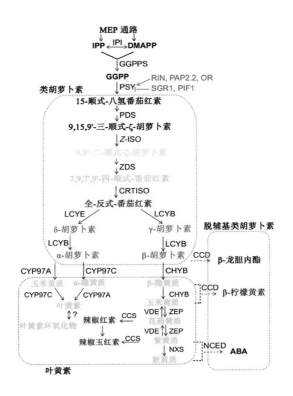

彩图3 园艺植物中类胡萝卜素的一般代谢途径（Yuan, 2015）

注：PSY催化GGPP的第一个缩合步骤以产生第一个C_{40}胡萝卜素——八氢番茄红素。经过几个去饱和和异构化步骤，产生番茄红素。接下来经过环化反应生成α-胡萝卜素和β-胡萝卜素分支。CCD或NCED会降解多种类胡萝卜素以产生脱辅基类胡萝卜素。IPP，异戊烯基二磷酸；DMAPP，二甲基烯丙基二磷酸；GGPP，牻牛儿基牻牛儿基焦磷酸；IPI，异戊烯二磷酸异构酶；GGPPS，GGPP合酶；PSY，八氢番茄红素合酶；PDS，八氢番茄红素去饱和酶；Z-ISO，ζ-胡萝卜素异构酶；ZDS，ζ-胡萝卜素去饱和酶；CRTISO，类胡萝卜素异构酶；LCYE，番茄红素ε-环化酶；LCYB，番茄红素β-环化酶；CHYB，β-胡萝卜素羟化酶；CYP97C，细胞色素P450型单加氧酶97C；ZEP，玉米黄质环氧化酶；VDE，紫黄质脱环氧化酶；CCS，辣椒红素-辣椒玉红素合酶；NXS，新黄素合酶；CCD，类胡萝卜素裂解双加氧酶；NCED，9-顺式-环氧类胡萝卜素双加氧酶。代谢物根据其化合物的颜色加粗并着色，而黑色表示没有颜色。实线箭头表示生物合成，虚线箭头表示降解。蓝色为PSY调控因子。虚线矩形框区分不同组的类胡萝卜素。

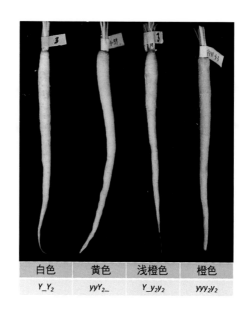

白色	黄色	浅橙色	橙色
Y_Y_2	$yyY_2\_$	$Y\_y_2y_2$	yyy_2y_2

彩图4 用于分离 Y 和 Y_2 基因的 B493 × QAL 定位群体中的白色、黄色、浅橙色和橙色胡萝卜（从左到右）的表型和基因型（Simon et al., 2019）

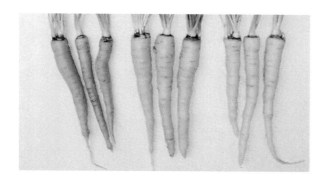

彩图5 来自一个 Or 基因分离但 y 和 y_2 位点纯合隐性的作图群体中橙色、浅橙色和黄色胡萝卜的表型（从左到右）（Simon et al., 2019）

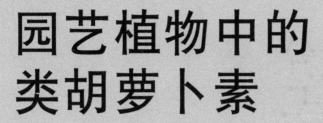

园艺植物中的
类胡萝卜素

武 喆 编著

中国农业出版社
北京

前　言

　　类胡萝卜素是类异戊二烯的一个亚类，在自然界中有750多种。类胡萝卜素在植物中可以吸收可见光，保护光合作用元件，使植物呈现漂亮的黄色、橙色和红色，吸引昆虫促进授粉并调控植物生长发育。类胡萝卜素在清除人体自由基、提高免疫力、预防心血管疾病和癌症等保护人类健康方面也起着十分重要的作用。

　　园艺植物是迄今为止膳食类胡萝卜素最重要的来源，是α-胡萝卜素、β-胡萝卜素、番茄红素、β-隐黄质、叶黄素和玉米黄质的唯一来源。蔬菜是类胡萝卜素的主要来源，胡萝卜、番茄和菠菜分别贡献了20%以上的α-胡萝卜素、β-胡萝卜素、番茄红素、叶黄素和玉米黄质，而橙子是膳食中β-隐黄质的主要来源。叶黄素和玉米黄质主要来自12种不同的园艺植物，β-胡萝卜素来自9种园艺植物，β-隐黄质来自5种园艺植物，胡萝卜和番茄分别是α-胡萝卜素和番茄红素的主要来源。

　　随着人们对类胡萝卜素研究的深入，部分园艺植物中类胡萝卜素的形成机制不断被揭示，这为类胡萝卜素富集的园艺植物的育种和园艺产品的生产奠定了理论基础。但类胡萝卜素的调控网络非常复杂，且物种特异性强，仍有许多调控机制待解析。笔者结合多年从事类胡萝卜素研究的经验，搜集和总结了园艺植物中类胡萝卜素研究的最新信息，编写成《园艺植物中的类胡萝卜素》一书。

本书共 7 章，内容包括：类胡萝卜素的分子结构，类胡萝卜素的功能，园艺植物中类胡萝卜素的提取和分析，园艺植物中类胡萝卜素的种类、成分，园艺植物中类胡萝卜素的代谢和调控，园艺植物中类胡萝卜素代谢中质体的作用，最后结合编者对胡萝卜中类胡萝卜素的研究，总结了目前胡萝卜中类胡萝卜素的生物合成和遗传基础。

本书可供从事园艺植物研究的科研人员、农业院校相关专业的教师和学生参考。由于编写时间有限，书中难免有错漏之处，敬请广大读者提出宝贵意见。

编著者

2021 年 9 月

目　　录

part 1

1

类胡萝卜素的
分子结构

1.1 概述

　　类胡萝卜素是亲脂性的、分布广泛且天然存在的黄色、橙色或红色色素，包括胡萝卜素、叶黄素、辣椒红素等。它们以结构多样性、功能和作用多样化而著称。据估计，自然界每年大约生产 1 亿吨类胡萝卜素（Isler et al.，1967）。除了 E（反式）和 Z（顺式）异构体外，大约 750 种类胡萝卜素已从天然来源中分离并鉴定出来（Britton et al.，2004）。这些类胡萝卜素大多来自高等植物、藻类、细菌和真菌。

1.2 命名

　　用于表示类胡萝卜素结构信息（包括立体化学/三维结构）的半系统命名法是由国际纯化学与应用化学联合会和国际生物化学联合会设计的（IUPAC/IUB，1975；Weedon and Moss，1995）。胡萝卜素的命名是基于词干"carotene"，前面是希腊字母前缀（β，ε，ψ，κ），表示两端的基团。番茄红和 β-胡萝卜素的结构分别如图 1.1 和图 1.2 所示。氢化反应的变化和含氧取代基的存在由有机化学中使用的标准前缀和后缀表示。具有手性和旋光性的类胡萝卜素的绝对构型用 R/S 命名表示。

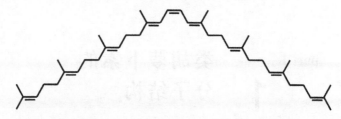

八氢番茄红素（7,8,11,12,7′,8′,11′,12′–八氢–ψ,ψ–胡萝卜素）

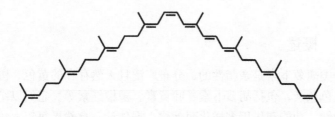

六氢番茄红素（7,8,11,12,7′,8′–六氢–ψ,ψ–胡萝卜素）

ζ–胡萝卜素（7,8,7′,8′–四氢–ψ,ψ–胡萝卜素）

链孢红素（7,8–二氢–ψ,ψ–胡萝卜素）

番茄红素（ψ,ψ–胡萝卜素）

图 1.1 无环植物胡萝卜素的结构（Claudia Stange，2006）

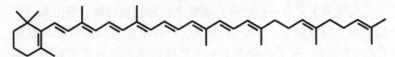

β-玉米胡萝卜素（7′,8′-二氢-β,ψ-胡萝卜素）

α-玉米胡萝卜素〔（6R）-7′,8′-二氢-ε,ψ-胡萝卜素〕

γ-胡萝卜素（β,ψ-胡萝卜素）

δ-胡萝卜素〔（6R）-ε,ψ-胡萝卜素〕

β-胡萝卜素（β,β-胡萝卜素）

α-胡萝卜素〔（6R）-β,ε-胡萝卜素〕

图1.2 单环和双环植物胡萝卜素的结构（Claudia Stange，2006）

  类胡萝卜素有一些俗称，通常来自它们最初被分离出来的生物。为了简单起见，本章将使用这些简短而熟知的俗称，在图1.1、图1.2、图1.3和图1.4中俗称与半系统名称相对应。本章将使用现在更多用于表示双键构型的 E/Z 命名法，而不使用反/顺式命名法。

玉红黄质［（3R）-β,ψ-胡萝卜素-3-醇］

β-隐黄质［（3R）-β,β-胡萝卜素-3-醇］

玉米黄质［（3R,6′R）-β,ε-胡萝卜素-3-醇］

α-隐黄质［（3′R,6′R）-β,ε-胡萝卜素-3′-醇］

玉米黄质［（3R,3′R）-β,β-胡萝卜素-3,-3′-二醇］

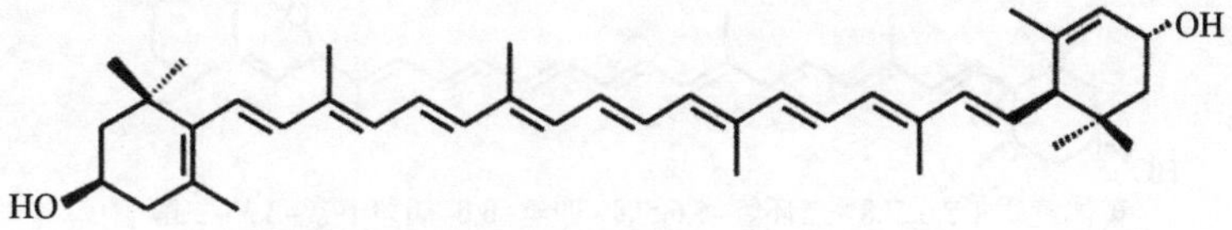

叶黄素 [（3R,3′R,6′R）-β,ε-胡萝卜素-3,-3′-二醇]

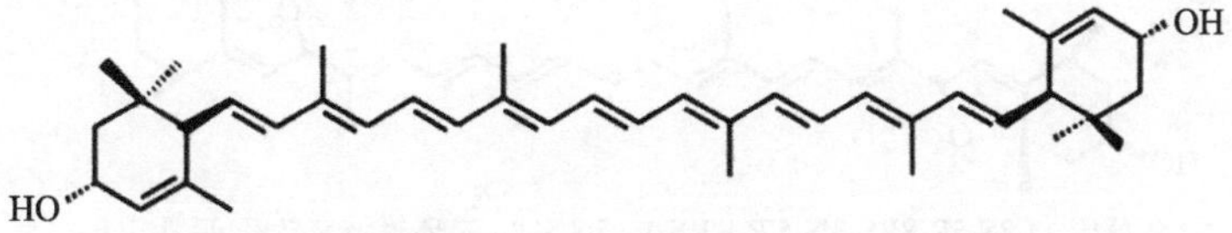

乳黄质 [（3R,6R,3′R,6′R）-ε,ε-胡萝卜素-3,-3′-二醇]

图 1.3 植物叶黄素（羟基类胡萝卜素）的结构（Claudia Stange，2006）

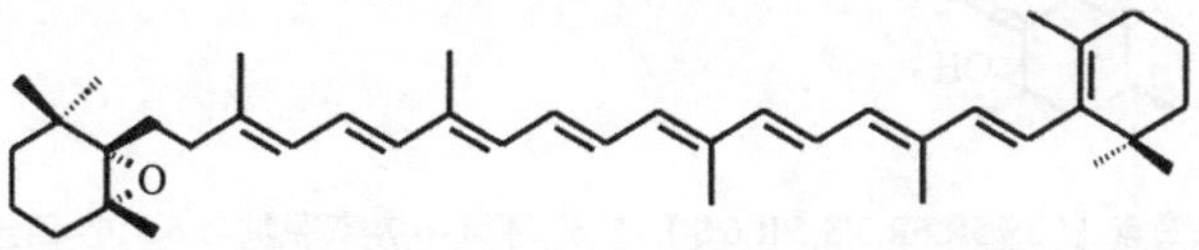

β-胡萝卜素-5,6-环氧化物 [（5R,6S）-5,6-环氧-5,6-二氢-β,β-胡萝卜素]

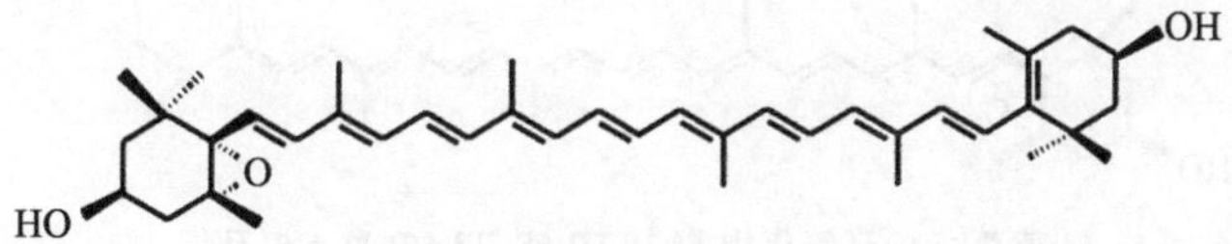

环氧玉米黄质 [（3S,5R,6S,3′R）-5,6-环氧-5,6-二氢-β,β-胡萝卜素-3,-3′-二醇]

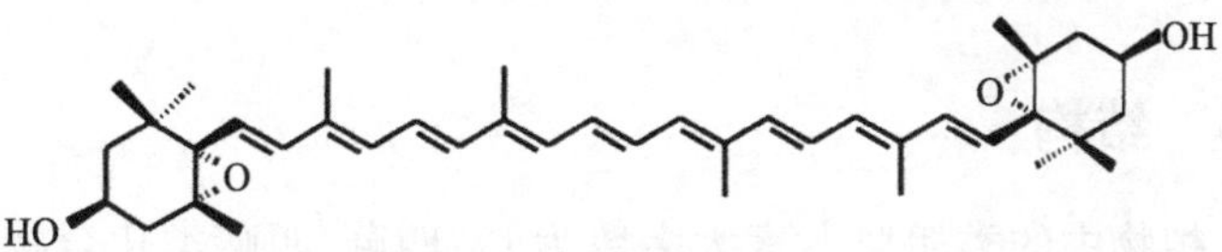

紫黄质 [（3S,5R,6S,3′R,5′R,6′S）-5,6,5′,6′-环氧-5,6,5′,6′-四氢-β,β-胡萝卜素-3,3′-二醇]

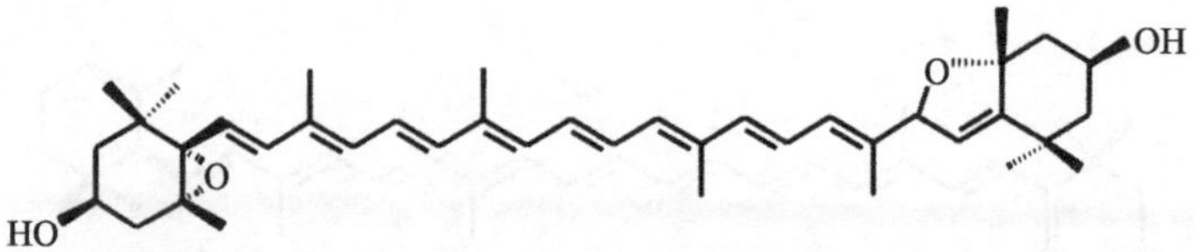

黄体黄质（5,6,5′,8′–二环氧–5,6,5′,8′–四氢–β,β–胡萝卜素–3,3′–二醇）

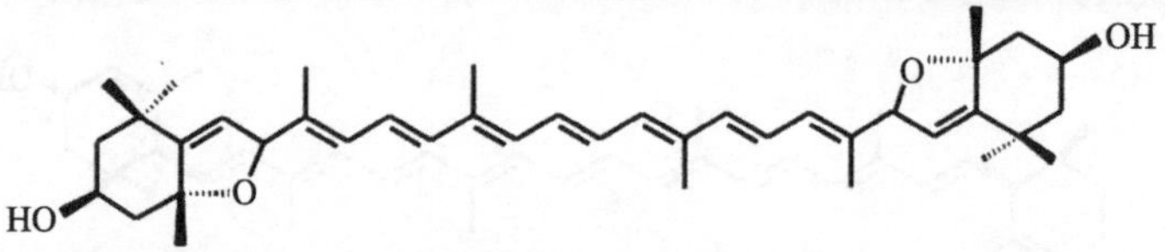

金黄质〔（3S,5R,8RS,3′S,5′R,8′RS）–5,8,5′,8′–二环氧–5,8,5′,8′–四氢–β,β–胡萝卜素–3,3′–二醇〕

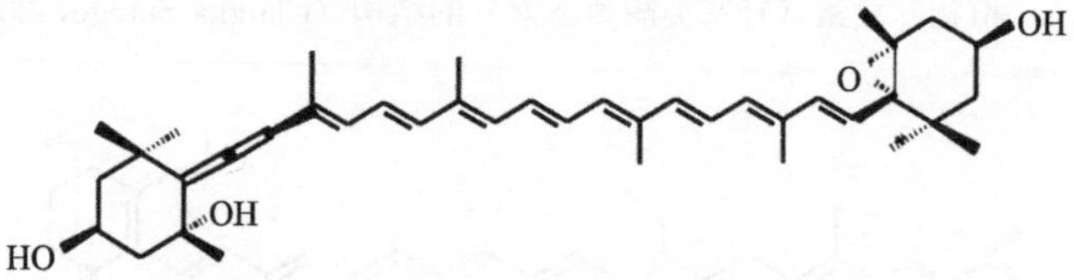

新黄素〔（3S,5R,6R,3′S,5′R,6′S）–5′,6′–环氧–6,7–双脱氢–5,6,5′,6′–四氢–β,β–胡萝卜素–3,5,3′–三醇〕

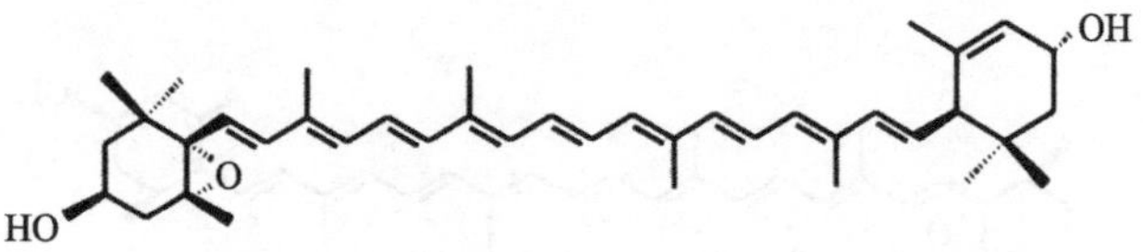

叶黄素–5,6–环氧化物〔（3S,5R,6S,3′R,6′R）–5,6–环氧–5,6–二氢–β,ε–胡萝卜素–3,3′–二醇〕

图 1.4　植物环氧类胡萝卜素的结构（Claudia Stange，2006）

1.3　结构

植物中的类胡萝卜素大多数为 C_{40} 四萜/四萜类化合物，它的组成方式为 8 个 C_5 异戊二烯头对尾连接，并且在中心位置有 1 个末端相对的键顺序反转（图 1.1）。基本的线性对称骨架由 6

个中心碳原子分隔的侧甲基组成，其他的由 5 个中心碳原子分隔。最显著的结构特征是位于中心的长双键和单键交替体系，尽管在链的末端或接近末端时电子密度似乎更大，但 π 电子在整个多烯链中有效地离域。这种共轭双键系统构成了光吸收发色团，使类胡萝卜素具有诱人的颜色，并使其具有特殊性质和许多功能。另外，它使分子易于几何异构化和氧化降解。

基本结构可以通过许多方式进行修饰，如环化、氢化、脱氢化、含氧基团的引入、双键的迁移、重排、链缩短或伸长，从而产生大量的结构。碳氢类胡萝卜素（如 β-胡萝卜素、番茄红素）统称为胡萝卜素。含有氧官能团的衍生物称为叶黄素。常见的含氧取代基是羟基-（如在 β-隐黄质中）、酮基-（如在角黄素中）、环氧基-（如在紫黄质中）和醛基-（如在 β-柠乌素中）。类胡萝卜素可以是无环的（如番茄红素、ζ-胡萝卜素），也可以在分子的一端（如 γ-胡萝卜素、δ-胡萝卜素）或两端（如 β-胡萝卜素、α-胡萝卜素）有 1 个六元环，而辣椒红素和辣椒玉红素例外，只有五元环。

1.3.1 胡萝卜素

在未环化的胡萝卜素中（图 1.1），番茄红素和 ζ-胡萝卜素最常见。番茄红素是 $C_{40}H_{56}$ 类胡萝卜素，具有 11 个共轭双键和 2 个非共轭双键。ζ-胡萝卜素分子式为 $C_{40}H_{60}$，具有 7 个共轭双键和 4 个孤立双键。无色的八氢番茄红素（$C_{40}H_{64}$）和六氢番茄红素（$C_{40}H_{62}$）分别含有 3 个和 5 个共轭双键以及 6 个和 5 个孤立双键。

单环 β-玉米胡萝卜素（$C_{40}H_{58}$）和 γ-胡萝卜素（$C_{40}H_{56}$）分别含有 9 个和 11 个共轭双键。两者都有一个末端环化成含有单个共轭双键的 β-环，另一端具有一个孤立双键。α-玉米胡萝卜素（$C_{40}H_{58}$）和 δ-胡萝卜素（$C_{40}H_{56}$）分别具有 8 个和 10 个双键，都具有 1 个双键不共轭的 ε-环。

β-胡萝卜素（$C_{40}H_{56}$）是分子两端环化成 β-环的胡萝卜素

（图 1.2）。它具有 11 个共轭双键，其中 2 个位于 β-环内，环双键与多烯链的双键不共面。同样是双环的 α-胡萝卜素（$C_{40}H_{56}$）具有 1 个 β-环、1 个 ϵ-环和 10 个共轭双键。

1.3.2 叶黄素

在植物中发现了多种多样的叶黄素。图 1.3 展示了常见叶黄素的结构，它的羟基位于 C-3 和 C-3′ 位置。玉红黄质和 β-隐黄质（均为 $C_{40}H_{56}O$，11 个共轭双键）分别是 γ-胡萝卜素和 β-胡萝卜素的单羟基衍生物，在 β-环的 C-3 处具有羟基（图 1.3）。

α-胡萝卜素的羟基化产生 2 种单羟基化衍生物（均为 $C_{40}H_{56}O$，10 个共轭双键），分别为 β 环中带有羟基的玉米黄质和 ϵ 环中带有烯丙基羟基的 α-隐黄质（图 1.3）。

叶黄素和玉米黄质是分别衍生自 α-胡萝卜素和 β-胡萝卜素的二羟基、双环类胡萝卜素，分子式均为 $C_{40}H_{56}O_2$（图 1.3），二者都在 C-3 和 C-3′ 位具有羟基。它们仅有单个双键的位置不同，但却导致叶黄素具有 β 环和 ζ 环，而玉米黄质有 2 个 β 环。叶黄素具有 10 个共轭双键，其中一个在 β 环上，在它的 ϵ 环中还有一个孤立双键。玉米黄质则含有 11 个共轭双键，2 个都位于 β 环中。

两端环化成 ϵ-环的类胡萝卜素很少见。ϵ-胡萝卜素的二羟基衍生物 [$C_{40}H_{56}$，（6R，6′R）-ϵ，ϵ-胡萝卜素]、乳黄质（$C_{40}H_{56}O_2$，9 个共轭双键，ϵ-环中 2 个非共轭双键），是莴苣中的主要类胡萝卜素，但未在其他植物叶片中被发现。

绿叶中的叶黄素（Kobori and Rodriguez - Amaya，2008）未酯化，玉米中的叶黄素（Rodriguez - Amaya and Kimura，2004；De Oliveira and Rodriguez - Amaya，2007）也大多未酯化。成熟果实中的叶黄素通常被脂肪酸酯化。也有少数果实中的叶黄素例外，特别是那些在成熟时仍保持绿色的果实，如猕猴桃（Gross，1987），它们的酯化作用有限或未发生酯化。

叶黄素是主要的类胡萝卜素，在食用旱金莲（Niizu and Rodriguez - Amaya，2005）和万寿菊（Breithaupt et al.，2002）中的一个（单酯）或两个（二酯）羟基中游离或酯化，其中酯类占主导地位。酯化增加了叶黄素的亲脂性，促进了它们在有色体中的积累（Gross，1987）。

环氧类胡萝卜素包含大量的植物叶黄素（图 1.4）。玉米黄质衍生的二羟基环氧化物花药黄质（$C_{40}H_{56}O_3$，10 个共轭双键）、紫黄质（$C_{40}H_{56}O_4$，9 个共轭双键）、黄体黄质（$C_{40}H_{56}O_4$，8 个双键）、金黄质（$C_{40}H_{56}O_4$，7 个共轭双键）和新黄质（$C_{40}H_{56}O_4$）等分布广泛。花药黄质有 1 个 5,6-环氧基取代基，紫黄质有 5,6-和 5′,6′-环氧基。黄体黄质在 5,6 和 5′,8′（通常称为呋喃酸）位置含有环氧基。金黄质有 2 个呋喃类基团。新黄质结构更复杂，具有 1 个丙二烯和 1 个 5′,6′-环氧基，在 3,5 和 3′位置处具有羟基。偶尔会检测到新黄质的 5,8-环氧衍生物新色素（$C_{40}H_{56}O_4$）和叶黄素的 5,6-环氧化合物（$C_{40}H_{56}O_3$）。

在植物组织中也发现了来自 β-胡萝卜素、β-胡萝卜素-5,6-环氧化物、β-胡萝卜素-5,8-环氧化物（柠黄质）、β-胡萝卜素-5,6,5′,6′-二环氧化物、β-胡萝卜素-5,6,5′,8′双环氧化物（黄体色素）、β-胡萝卜素-5,8,5′,8′-双环氧化物（金色素）以及 β-隐黄质类，特别是 β-隐黄质-5,6-环氧化物和 β-隐黄质-5,8-环氧化物（隐黄素）的环氧类胡萝卜素。

也会出现物种特异性类胡萝卜素（图 1.5）。最典型的例子是辣椒红素（$C_{40}H_{56}O_3$）和辣椒玉红素（$C_{40}H_{56}O_4$），它们是红辣椒中的主要色素。辣椒红素的一端环化为 β 环，另一端环化为五元三甲基环戊基 κ 环（图 1.5）。它的 3 位和 30 位有 2 个羟基，60 位有 1 个羰基取代基。包括含羰基双键在内，辣椒红素共有 11 个共轭双键。辣椒玉红素两端都含有 κ 环、2 个羰基、11 个共轭双键。

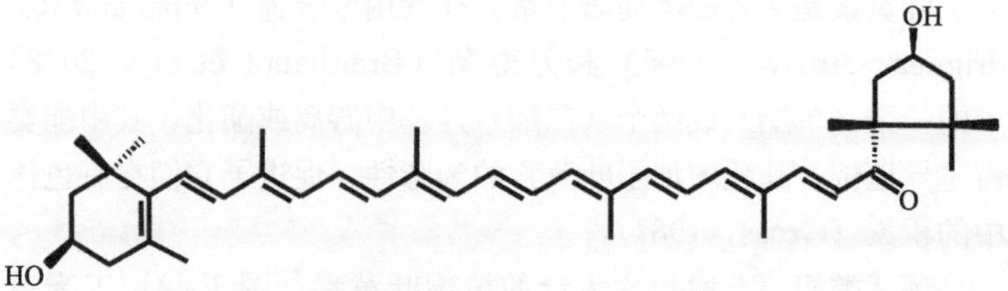

辣椒红素〔(3R,3′S,5′R)-3,3′-二羟基-β,κ-胡萝卜素-6′-酮〕

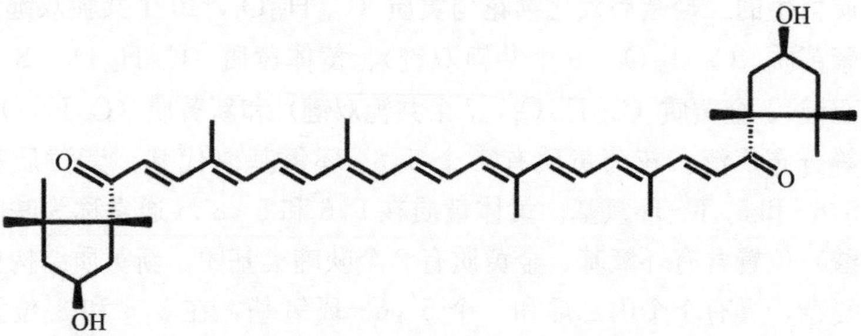

辣椒玉红素〔(3R,5R,3′S,5′R)-3,3′-二羟基-κ,κ-胡萝卜素-6,6′-二酮〕

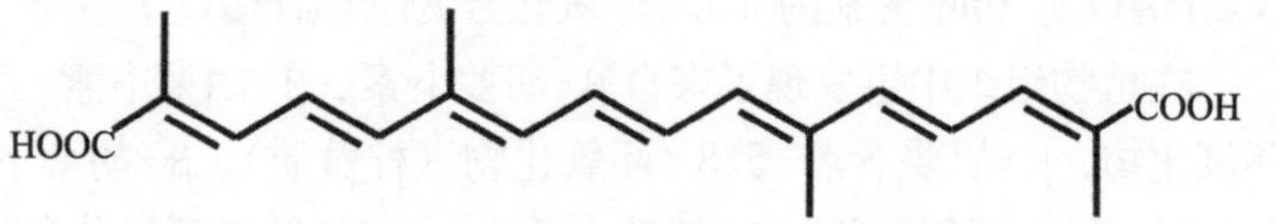

番红花酸(8,8′-二碳烯-8,8′-二甲酸)

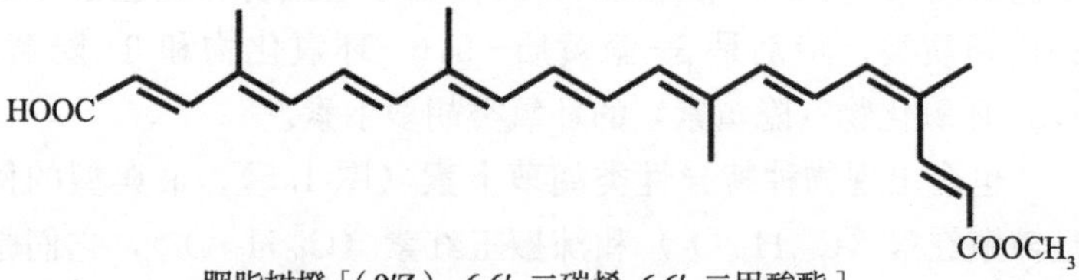

胭脂树橙〔(9′Z)-6,6′-二碳烯-6,6′-二甲酸酯〕

图 1.5　食品着色剂中主要类胡萝卜素的结构(Claudia Stange, 2006)

1.3.3　脱辅基类胡萝卜素

　　一些类胡萝卜素通过去除 C_{40} 分子一端(脱辅基类胡萝卜素)或两端(双脱辅基类胡萝卜素)的片段来缩短碳骨架

（Weedon and Moss，1995）。自然界中存在的范例为胭脂树橙和藏红花酸，它们分别是食用色素胭脂树的主要成分和藏红花粉中主要黄色着色物质的组分。胭脂树橙（$C_{25}H_{30}O_4$）是二羧酸 Z-双脱辅基类胡萝卜素的单甲酯，共有 11 个共轭双键包括 9 个碳碳双键和 2 个碳氧双键（图 1.5）。它与姜黄或辣椒油树脂混合，在食物中产生黄色到橘红色。藏红花酸是一种对称的具有 7 个碳碳双键和两端含有羧基的双脱辅基类胡萝卜素，分子式为 $C_{20}H_{24}O_4$。

1.3.4　Z-异构体

在自然界中，类胡萝卜素主要以热力学上更稳定的 E 形式存在。存在两种例外：一是生物合成中的前两种类胡萝卜素——八氢番茄红素和六氢番茄红素，它们在大多数天然来源中具有 15-Z 构型；二是胭脂树橙，它是胭脂树着色剂的主要色素，在自然界中以 Z 形式存在。随着色谱分离效率的显著提高，在植物性食品中检测到少量 Z 异构体。在热处理和光照处理后，Z 异构体的含量明显增加。

原则上，类胡萝卜素多烯链中的每个碳碳双键都可以从 E 形异构化为 Z 形。然而，由于 Z 构型受到空间位阻，一些双键无法进行这种异构化。C-7,8,C-11,12,C-7′,8′和 C-11′,12′ 双键就是这种情况，其中在氢原子和甲基之间可以观察到空间位阻基团。这种空间位阻阻止了该双键的 Z 构型（Zechmeister et al.，1941；Weedon and Moss，1995；Liaan-Jensen，2004）。食品中常见的对称 β-胡萝卜素（图 1.5 中的第 2 个图）（Lessin et al.，1997；Marx et al.，2000；Dachtler et al.，2001）和玉米黄质的 Z 异构体（Dachtler，2001；Humphries and Khachik，2003；Updike and Schwartz 2003；Aman et al.，2005）是 9-Z-、13-Z-和 15-Z-异构体（图 1.6），由于这种异构体的形成来自 2 个氢原子，因此具有相对较小的阻力。

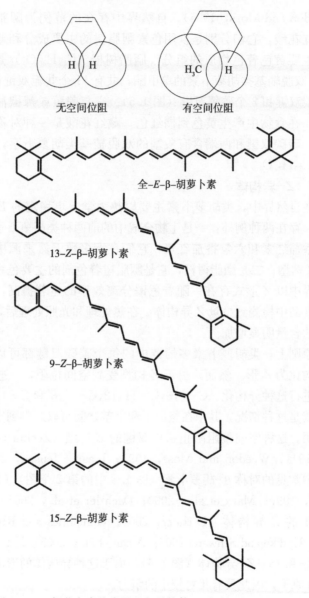

图 1.6 β-胡萝卜素的常见几何异构体（Claudia Stange，2006）

位于类胡萝卜素结构环状部分内的碳碳双键，如 β-胡萝卜素中的 C-5,6 双键，也受到空间位阻，不发生异构化。然而，无环番茄红素中的碳碳双键不受阻碍，且在番茄和番茄产品中越来越多地检测到 5-顺式番茄红素，以及 5-Z-、9-Z-、13-Z-和 15-Z-异构体（图 1.7）（Tiziani et al.，2006；Li et al.，2012；Stinco et al.，2013）。

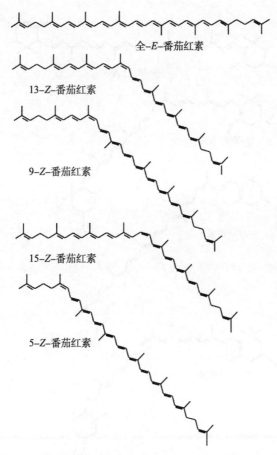

图 1.7　番茄红素的常见几何异构体（Claudia Stange，2006）

不对称的全-E-α-胡萝卜素（Lessin et al.，1997）、全-E-β-隐黄质（Lessin et al.，1997）和全-E-叶黄素（Dachtler et al.，2001；Humphries and Khachick，2003；Updike and Schwartz，2003；Aman et al.，2005；Achir et al.，2010）除了产生 $13-Z-$、$9-Z-$、$15-Z-$异构体外，还产生 $13'-Z-$和 $9'-Z-$异构体（图 1.8）。

全-E-叶黄素

13-Z-叶黄素

9-Z-叶黄素

15-Z-叶黄素

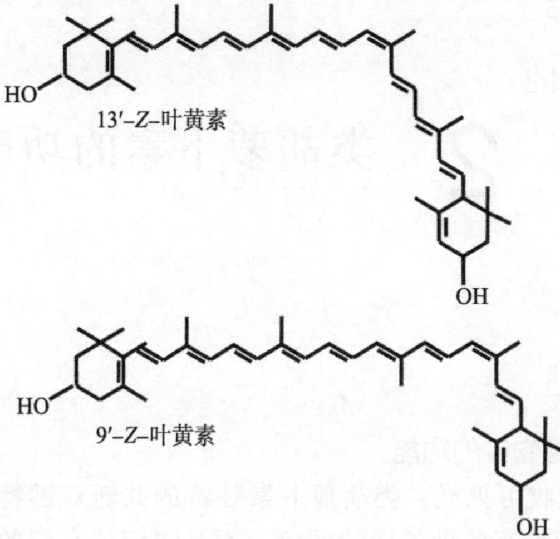

图 1.8　叶黄素的常见几何异构体（Claudia Stange，2006）

1.4　小结

对线性对称的 C_{40} 类胡萝卜素骨架进行修饰，可以产生多种多样的胡萝卜素和叶黄素结构。这些修饰后的结构包括非环类、单环类和双环类的胡萝卜素，以及羟基化、环氧化的叶黄素和脱辅基类胡萝卜素。胡萝卜素醇可以与脂肪酸非酯化或酯化成 1 个（单酯）或 2 个（二酯）羟基。E-Z 异构化增加了未来可能形成的植物类胡萝卜素的数量。

2 类胡萝卜素的功能

2.1 概述

2.1.1 在植物中的功能

（1）吸收可见光。类胡萝卜素独特的共轭双键特征不仅使类胡萝卜素具有各种各样的颜色，而且决定了它们的重要生物功能。植物中类胡萝卜素是光捕获系统中的必需成分，可以吸收光量子并将其传递给类囊体上的叶绿体基膜，协助植物吸收可见光。已经证实在植物中起这种作用的类胡萝卜素主要是叶黄素、紫黄质（violaxanthin）和新黄质（neoxanthin）（何晓童，2018）。

（2）保护细胞器。类胡萝卜素是保护光合作用的元件，避免在强光下遭受氧自由基（$^-O_2$）的损害。含有 9 个或更多的碳共轭双键的类胡萝卜素分子可从叶绿体中吸收三线态能量，由此阻止单态氧自由基的形成。有报道显示，玉米黄质对于清除叶绿体中多余能量起关键作用。藻类中紫黄质光诱导环化可生成玉米黄质（zeaxanthin），它与光保护过程密切相关（王超等，2012）。

（3）帮助植物着色及授粉。类胡萝卜素为植物的根、叶、花和果实着色，并产生挥发性物质和其他风味化合物，从而吸引昆虫和动物帮助授粉和传播种子（张建成等，2007）。

（4）调控植物生长发育。类胡萝卜素也可以为植物激素脱落酸和独脚金内酯提供前体物质，帮助其合成，作为重要的代谢物质，发挥信号分子的功能并参与植物生长发育调控（高雨等，2013）。

2.1.2 在生产中的功能

类胡萝卜素能够吸收可见光，在植物中产生引人注目的颜色，具有诱人的视觉吸引力。类胡萝卜素的积累和组成变化很大，即使在同一物种的不同变种之间也会有很大的区别，导致不同的园艺植物（蔬菜、水果和花卉）产生了一系列不同的颜色。且类胡萝卜素分解产生的风味物质和挥发性气味对于提高水果和花卉的商品性能具有积极作用。利用类胡萝卜素的着色效果，可以在禽类养殖中提高蛋黄中的色素沉积，从而提高禽蛋的品质和食用效果。在动物饲料中添加一定量的类胡萝卜素，有利于改善动物体色和羽毛颜色，增加观赏性；也有利于提高动物的生产性能、机体免疫力、繁殖效率等，对增加养殖业的经济效益具有一定的推动作用。例如，水产动物的体色受环境条件影响，在内分泌和神经系统的控制下表现出不同颜色。而从饲料中吸收的类胡萝卜素可在鱼体内转变为其他类胡萝卜素沉积在鱼体内，使鱼类显示出固有颜色和肉色，这对提高经济动物的观赏性和产品质量有很大的意义（邓永平等，2020）。

2.1.3 在人体中的功能

作为最广泛分布的一类天然色素，类胡萝卜素不仅使园艺植物显示不同颜色，而且增加了水果和蔬菜的营养价值，起到保障人体健康的重要作用。近年来，越来越多的医学研究表明，类胡萝卜素在清除人体自由基、提高免疫力、预防心血管疾病和癌症等保护人类健康方面起着十分重要的作用。

（1）类胡萝卜素的抗氧化功能。几乎所有的类胡萝卜素都具有抗氧化功能，大量体外试验、动物模型和人体试验证明，类胡萝卜素可以猝灭单线态氧、消除自由基、防止低密度脂蛋白的氧化（Oshima et al.，1996）。在人体正常的新陈代谢过程中会产生活性氧，活性氧具有较高的能量，性质不稳定，可将能量迅速传递给其他分子而产生自由基。自由基由于含有不成对的电子，所以性质异常活跃。它可损伤核酸、蛋白质、细胞膜、细胞，导致细胞突变或死亡，从而引起人体早衰。生物体中存在大量的脂质过氧化和自由基反应，从而导致细胞功能的下降、机体的衰老以及疾病的发生。大量的证据表明，与衰老过程相关联的多种缺陷是细胞内多点位氧化损伤积累的直接后果。例如，心血管疾病的发病机理之一是低密度脂蛋白的氧化损伤；一些光化学对晶状体所造成的损伤会导致白内障的形成等。因此，类胡萝卜素凭借其可以清除自由基以及猝灭单线态氧的活性而受到了普遍的关注（朱秀灵等，2005）。

（2）类胡萝卜素可提高人体免疫力。免疫系统对活性氧十分敏感，类胡萝卜素可保护免疫细胞的膜脂免受氧化破坏，从而保证细胞膜上的信号受体以及细胞间的通信保持正常，提高人体免疫力。Patiriza（1999）研究发现，类胡萝卜素可以降低淋巴细胞 DNA 的损伤。而且，多年来类胡萝卜素一直被成功地用于治疗内原卟啉病（即由于卟啉环在皮肤表面的积累而导致 $^1O_2$ 的增多所带来的皮肤伤害）和其他的一些光敏疾病（如由于晶状体中 $^1O_2$ 的存在而导致的白内障）（王永华等，2000）。大量人体研究显示，补充 β-胡萝卜素、番茄红素或混合性类胡萝卜素可显著降低紫外线照射诱发的红斑，使紫外线光敏感度降低（Lu et al.，2001；Alaluf et al.，2002；Heinrich et al.，2003）。这些类胡萝卜素对皮肤的保护作用归功于其抗氧化功能及其抑制脂氧酶、抑制炎症的功能。

（3）类胡萝卜素可预防心血管疾病。在心脏病的发病机理中，细胞氧化引起的发病已经得到广泛的认可。冠状动脉疾病、心脏衰竭、心肌病等都与细胞氧化有关。试验表明，饮食中富含抗氧化剂对于减少小鼠体内，尤其是心脏的氧化损伤是很有效的（Zhou et al.，2018）。

（4）类胡萝卜素可延缓衰老。人体的衰老与自由基息息相关。人体每个细胞每天可受到几千至上万次自由基的攻击，过多的自由基会伤害体内的蛋白质、脂肪及遗传物质，导致细胞老化至发生癌变。类胡萝卜素通过强有力的抗氧化特性，可减少细胞损伤，维持细胞信息稳定传递。

（5）类胡萝卜素可抗细胞突变。癌症是人人闻之色变的恶性疾病，突变是正常细胞走向癌变的第一步。正常人体细胞中的DNA受环境影响或体内代谢产生的自由基攻击会产生变异，致使DNA不能正常复制。人体如果对突变的基因无法及时修复与清除，最终就会形成肿瘤。辐射、污染、吸烟、毒素等都会引发细胞突变。近年来，关于类胡萝卜素防癌抗癌机理的研究主要有抗炎症反应、抗氧化作用、诱导凋亡、增加细胞与细胞间的缝间连接交流、调控细胞周期、调控 Wnt/β-Catenin 信号通路、调节核因子、调控Ⅰ期和Ⅱ期酶的活性、抑制癌细胞增殖、抑制血管生成和调节免疫系统等。类胡萝卜素能直接捕获自由基并阻断自由基的链式反应，从而防止自由基对蛋白质、脂质和DNA的过氧化损伤，保护细胞免受自由基的损伤，防止细胞突变，类胡萝卜素被认为是具有癌症预防效果的物质（李永纪，2006）。Block 等（1992）研究了172例有关富含类胡萝卜素的水果和蔬菜的食用和吸收与人们患癌症的概率的关系，表明吸收功能差的人患某些癌症（肺癌、喉癌、口腔癌、食管癌、胃癌、肠癌、直肠癌、膀胱癌、宫颈癌和卵巢癌）的概率是吸收功能好的人的2倍左右。但类胡萝卜素对由于激素水平变化引发的癌症保护作用只有30%。

（6）类胡萝卜素可合成维生素A。维生素A是人体中一种必需的微量营养成分，具有维持视功能、促进细胞分裂、提高免疫功能、促进胚胎发育的功能。维生素A在体内不能合成，只能从食物中获取。在黄色和绿色蔬菜（如胡萝卜、甘薯、菠菜、生菜、番茄、花椰菜）以及水果（如柑橘、柠檬）中都蕴藏着丰富的维生素A前体——类胡萝卜素，常食用这些蔬菜和水果对人体大有裨益。维生素 A 原是类胡萝卜素最大的功能所在，在人们日常食用的类胡萝卜素中，α-胡萝卜素、β-胡萝卜素和 β-玉米黄质等都具有维生素 A 原的活性。在发展中国家，类胡萝卜素提供了 70％的维生素 A 来源（葛可佑，1995）；而在西方国家，类胡萝卜素提供了 30％的维生素 A 来源（Olson，1987）。

（7）类胡萝卜素在孕期和哺乳期起重要作用。妊娠期氧化应激水平增高，在抗氧化保护机制不足的情况下，容易导致先兆子痫、流产、早产和胎儿生长发育受限等诸多不良结局。类胡萝卜素作为抗氧化剂和维生素 A 前体，与不良妊娠结局的发生密切相关。过高或过低的维生素 A 营养状况对妊娠结局均不利，而类胡萝卜素对妊娠结局的影响可能受到母体中维生素 A 营养状况的调节作用影响。类胡萝卜素与子代免疫、炎症和基因转录等功能密切相关，可以减少呼吸系统疾病和过敏性疾病如湿疹、哮喘的发生（吴轲，2019）。

类胡萝卜素种类繁多，不同的类胡萝卜素具有不同的生理功能，应用领域也非常广泛。

2.2　不同类胡萝卜素的功能

2.2.1　β-胡萝卜素

（1）合成维生素 A。维生素 A 是人体必需的微量营养成分，其功能包含多方面：一是与人体的视觉有着重要关系；二是维生素 A 与细胞分裂和分化密切相关；三是能够有效增强人体免疫力，抵抗各种疾病。人体自身不能合成维生素 A，因而归根结底只有从植物中获取类胡萝卜素然后转化为维生素 A 才是主要途径。其中，β-胡萝卜素是最有效的维生素 A 的前体合成物质，是唯一一种可裂解成 2 个维生素 A 分子的类胡萝卜素。

（2）抗氧化作用。β-胡萝卜素可通过物理或化学猝灭直接作用于单线态氧,导致其生理活性丧失,抑制人体内活性氧自由基的氧原子活性,阻止自由基对正常细胞的破坏,从而保护机体免遭侵害,增强人体免疫能力,抵抗病原菌入侵。其抗氧化的作用比维生素 A 更强,与其他类胡萝卜素一起服用更加有效。现已知 1 分子 β-胡萝卜素可抑制 1 000 个分子的活性氧(Olson,1993),还可作为一种弱氧化剂直接与自由基反应,阻止自由基的连锁反应,从而减少它对细胞的损伤。马爱国(1996)在探讨抗氧化营养对 DNA 氧化损伤保护作用时,经试验发现,连续服用 β-胡萝卜素、维生素 E 和维生素 C,可显著降低由过氧化氢诱发 DNA 的损伤。

但是,β-胡萝卜素功能的发挥对环境的依赖很大,特别是它的抗氧化与促氧化作用。β-胡萝卜素抗氧化功能会随着外界的条件变化而变化、消失甚至转化为促氧化功能。Burto(1984)研究证明,高氧分压(>150 mmHg,$20\%O_2$)和胡萝卜素高浓度条件下胡萝卜素会发生自氧化(体外)。并且 Palozza(2003)研究发现,当 β-胡萝卜素浓度达到 10 $\mu mol/L$ 时,增加了活性氧的产生(细胞培养)。

(3)防癌抗癌。通过对小鼠和灵长类哺乳动物以及人体多项干涉研究表明,β-胡萝卜素对多种癌症有显著的抑制作用,如皮肤癌、肝癌、肺癌、胃癌等。另外,它对于膀胱癌、乳腺癌及前列腺癌也有预防的作用。因为它可以减少死细胞在这些部位的脱落和沉积。Tamimi 等(2005)对 969 位女性进行血浆检测及巢式病例对照研究,发现血浆中含 β-胡萝卜素等类胡萝卜素量高的女性比含类胡萝卜素量低的女性患乳腺癌的概率低 $25\% \sim 35\%$。流行病学研究发现,吃富含 β-胡萝卜素的食物可降低肺癌发病率,增强生物机体的特异性及非特异性免疫功能。1981年,流行病学专家 Richard She Rell 提供了令人瞩目的科研成果,自 1957 年以来,研究人员跟踪 2 000 人,研究其在吃 195种特定的食物与肺癌发生率的关系,结论是食用含 β-胡萝卜素量高的食物可减少患肺癌的危险，对那些有多年吸烟史的人也有一样的效果；相反，食用低含量 β-胡萝卜素食物的人群，患肺癌的可能性比食用高含量 β-胡萝卜素食物的人群高 7 倍。但是，一项关于 β-胡萝卜素的临床研究却出现了相反的结果，如 ATBC 临床试验发现，连续每日补充 β-胡萝卜素 20 mg，5~8 年后结果显示，其肺癌的发病率比对照组高 18%，总死亡率高 8%（杨月欣，2005）。在美国进行的 CARET 研究也显示，给吸烟者或石棉病患者补充大量的 β-胡萝卜素不仅起不到保护作用，而且可能增加肺癌发生的危险性（Omenn et al.，1996）。ATBC 和 Omenn（1996）进一步的人体试验也证明了当给吸烟者摄入药理水平的 β-胡萝卜素时肺癌和心血管疾病的发病率会上升。

（4）促进细胞缝隙间连接交流。细胞间形成的间隙连接使细胞质相互沟通，通过交换小分子来调节代谢反应。Bertram 等（1991）发现，β-胡萝卜素和其他类胡萝卜素可加强细胞间隙连接的交流能力，从而抑制或降低癌症的发生和发展；Yamasaki 也指出，构成细胞连接通道的链接蛋白，在转化阶段的癌细胞会由于通道的受阻而干扰细胞交换，这种交换是控制生长的因素之一，从而抑制癌症诱导细胞升级到恶化阶段。

（5）对免疫系统的调节作用。β-胡萝卜素在特定条件下可提高机体的细胞免疫、体液免疫及非特异性免疫反应，增强对某些疾病的抵抗力，改善健康状况。人体试验发现，β-胡萝卜素在肝脏的炎症反应、纤维化及肝硬化中都起着预防作用（Gieng et al.，2007）。有文献报道，β-胡萝卜素可以通过抑制 HCVRNA 病毒的复制降低 HCV 导致的肝癌。饮食中的 β-胡萝卜素对肝脏的损伤有保护作用。补充 β-胡萝卜素可缓解野百合碱导致的小鼠肝脏脂肪变性、脂肪堆积、出血等症状（Wardi et al.，2001）。另有试验表明，青年男性服用高剂量天然胡萝卜素（18 mg/d）14 d 后，其循环的辅助性 T 细胞量明显增加。辅助性 T 细胞数目的增加对于艾滋病患者是有益的，因为这类细胞是艾滋病病毒感染和攻击的靶细胞。因此，用天然胡萝卜素辅助治疗艾滋病可能有一定效果（Bendiah，2001）。

（6）皮肤保护作用。β-胡萝卜素是食用最为广泛的口服防晒霜（Heinrich et al.，2006）。Ribaya-Mercado（1995）研究发现，当受紫外线照射时，皮肤和血浆中的类胡萝卜素含量下降，当口服 24 mg/d，12 周后皮肤的光照红斑会消失，且番茄红素的量会优先下降（Heinrich et al.，2003）。动物和人体试验发现，番茄红素有预防皮肤损伤和皮肤癌的作用。

（7）预防心血管疾病，减缓动脉硬化。Bechor 等（2016）发现，β-胡萝卜素通过改善来自巨噬细胞的胆固醇流出，对抑制动脉粥样硬化可达到有益效果。

（8）β-胡萝卜素还具有光保护，预防眼疾、白内障，防止老化和衰老引起的多种退化性疾病的功效。

（9）β-胡萝卜素对肠上皮细胞有紧密连接的保护作用。董宏伟等（2016）对猪空肠上皮细胞添加 β-胡萝卜素进行预处理，添加脂多糖刺激，检测细胞活力和跨膜电阻抗。结果表明，与对照组和脂多糖刺激组比较，β-胡萝卜素组 IPEC-J2 细胞活力以及跨膜电阻抗值最高。

（10）体外抗诱变。Rauscher 等（1998）在鼠伤寒沙门氏菌的组氨酸缺陷菌株中添加从蔬菜、水果中提取的天然 β-胡萝卜素，发现 AFB1、BaP、CP 和 IQ 的细菌致突变性分别降低了 72%、67%、53%、27%。

（11）口服 β-胡萝卜素可降低阿尔茨海默病的发病风险。

（12）β-胡萝卜素是一种较为安全稳定的天然食用色素，已被广泛应用在食品和天然着色剂行业。β-胡萝卜素具有良好的着色性能，着色范围是黄色至橙红色，着色力强，色泽稳定均匀，能与钾、锌、钙等元素并存而不变色，尤其适合与儿童食品配伍。它还能用于药片糖衣着色，色泽、稳定性均优于柠檬黄、胭脂红复色糖衣法。国内β-胡萝卜素已作为着色剂列入《食品安全国家标准　食品添加剂使用标准》GB 2760—2014）。β-胡萝卜素作为一种营养强化剂，广泛添加到食品中。而且，β-胡萝卜素是一种优良的抗氧化剂，它与维生素 E、维生素 C 有相互协同的作用，它们的组合被称为抗氧化剂的"铁三角"，具有很强的抗氧化作用。国际上，在口红、胭脂等化妆品中添加β-胡萝卜素，可使其色泽自然丰满，又能营养皮肤、保护皮肤，采用β-胡萝卜素的护肤品已上市并受到欢迎。

（13）β-胡萝卜素作为饲料添加剂添加到动物食品中具有一定的特异功能。例如，在用不含β-胡萝卜素的饲料喂养母牛时，经常观察到"无症状"的发热，以及延期排卵，卵泡囊肿，黄体的形成拖延和减少，严重时繁殖障碍，胎盘停滞。所有的这些症状均可通过在饲料中添加β-胡萝卜素而得以纠正。吃了富含β-胡萝卜素饲料的产蛋鸡可提高产蛋率，且蛋黄颜色加深。这是因为产蛋鸡能把未水解为维生素 A 的过量β-胡萝卜素储备起来。

2.2.2　番茄红素

（1）合成维生素 A。

（2）抗氧化活性。早期的科学家深入研究了类胡萝卜素结构与抗氧化能力的关系，发现随着分子中共轭双键数目的增多，抗氧化能力逐渐增强，羟基尤其是酮基的加入会大大降低抗氧化能力。因此，在各种类胡萝卜素中，番茄红素是最有效的抗氧化剂，其猝灭单线态氧的速率是维生素 E 的 103 倍。吸烟、紫外线照射等可使皮肤中的番茄红素减少，从而降低机体清除自由基和活性氧的能力，引发因过度氧化而导致的疾病（范锦勤，2009）。

（3）抗癌功能。番茄红素是公认的具有高抗癌活性的物质，它对前列腺癌、食道癌和乳腺癌等多种癌症都有较强的抵抗作用。研究最多和效果最明显的是它的抗前列腺癌的作用。细胞间隙连接通信的功能抑制是癌变发生的多步学说中促癌阶段的重要机制，而番茄红素能促进具有维持细胞间隙正常结合作用的蛋白质的合成，因此可有效抑制癌变。此外，番茄红素还具有抑制 DNA 和蛋白质的合成、抑制亚硝胺的形成等多种作用，这在一定程度上也起到了防癌作用。番茄红素的脂溶性可以靶向包裹肿瘤细胞，阻断营养源，从而"饿死"肿瘤细胞并抑制其扩散。其抗突变性，可以刺激淋巴细胞大量释放肿瘤抑制因子，诱导细胞间隙调控生长信号，使癌变组织因失去营养而逐渐萎缩至消失。Levy 等（1995）的研究表明，番茄红素的抑制癌细胞增殖效果比 β-胡萝卜素、α-胡萝卜素要好，在注射最大抑制剂量的一半浓度（$IC_{50}=1\sim2\ \mu mol/L$）的番茄红素后，患有子宫内膜癌、乳腺癌和肺癌的人体内的癌细胞都得到了有效抑制。而达到相同的抑制效果，α-胡萝卜素需要 4 倍番茄红素的添加量，β-胡萝卜素需要 10 倍的番茄红素的添加量。

（4）降脂降糖，预防心血管疾病。随着人们对番茄红素抗氧化性认识的不断深入，番茄红素与心血管疾病之间的相互关系也引起了人们的关注。研究发现，番茄红素可能具有降低心血管疾患风险的效果。番茄红素在低密度脂蛋白氧化过程中具有较强的抑制作用，补充富含番茄红素的食物，可降低低密度胆固醇（LDLr），预防冠心病和动脉粥样硬化的发生，其机理可能是由于番茄红素会抑制胆固醇生物合成酶反应。荷兰学者通过研究发现，番茄红素可以降低血液中的血清胆固醇含量，该试验选取了 66 名患有心肌梗死的患者，提取了他们的血液进行化验，发现这些患者身体内的番茄红素含量明显低于正常人群。另外，番茄红素可击碎大分子脂质，促使其快速进行氧化，从而消耗体内过多脂肪，清除血管壁脂质，改善动脉硬化，降低血脂、血压，消除肥胖（徐艳钢，2004）。

（5）提高机体免疫力。主要通过2种途径：一方面，提高机体免疫反应，促进T、B淋巴细胞增殖，增强NK细胞活性。疾病的发生与自身的免疫力下降有关，番茄红素能保护吞噬细胞免受自身的氧化损伤，促进T、B淋巴细胞增殖，刺激效应T淋巴细胞，增强巨噬细胞、细胞毒性T淋巴细胞和天然杀伤肿瘤细胞的能力，减少淋巴细胞DNA的氧化损伤，以及促进某些白介素的产生，这在一定程度上提高了机体免疫力，减少了疾病发生的可能性。另一方面，通过促进IL的分泌，抑制TNF-α等炎性因子，阻止其对NF-KB信号通路的激活。

（6）抗衰老功效。随着年龄的增长，人体许多组织会发生变性，而番茄红素具有强抗氧化性，可中和自由基、促进细胞再生，对由衰老引起的人类疾病具有抑制作用。

（7）保护皮肤。紫外线与单线态氧、自由基产生有关，紫外线辐射可导致皮肤灼伤、老化或引发皮肤癌。类胡萝卜素在植物中可猝灭紫外线辐射产生的氧化产物，与其在人类皮肤中的功能相似。因此，增加皮肤内番茄红素量可保护皮肤，减轻或防止紫外线损伤皮肤，受日光照射的皮肤中番茄红素量较相邻未受阳光照射的皮肤下降31%～46%（杨依锦，2012）。

2.2.3 叶黄素

（1）保护视力。叶黄素存在于人的视网膜、血浆和其他一些组织中。研究表明，叶黄素的抗氧化作用和光过滤作用，在一定程度上可以保护视力，防止视力衰弱，预防白内障等眼科疾病。黄斑退行性改变（ARMD）患者的血清和视网膜的叶黄素与玉米黄质水平较健康对照组相比明显降低（Bone et al.，2001）。黄斑色素减少可增高ARMD的风险。补充叶黄素或富含叶黄素的蔬菜可升高血清叶黄素浓度，使黄斑色素密度增加。ARMD患者多食富含叶黄素的菠菜，可获短期视觉功能改善。叶黄素能够消除自由基，预防白内障；吸收蓝光，防止对眼睛的损伤。研究还发现，叶黄素对长期荧屏光暴露者的视功能有明显的改善作用（马乐，2008）。

（2）防癌、抗氧化。叶黄素拥有化学防护活性，能更有效地沟通连接细胞间隙和抑制脂肪过氧化反应。在动物试验中，发现叶黄素能使小鼠肝细胞免受氧化诱导的损伤，叶黄素可猝灭单线态氧、防止脂质过氧化的发生，从而抑制肿瘤的生长。国外有研究分析了 α-胡萝卜素、β-胡萝卜素、番茄红素和叶黄素等对结肠癌发病率的影响，发现叶黄素能明显降低结肠癌的发病率，而其他几种类胡萝卜素的抗结肠癌作用不明显（Arango et al.，2014）。

（3）保护皮肤。动物试验发现，叶黄素具有预防紫外线损伤的作用。人体试验发现，口服 6 mg/d 叶黄素和玉米黄素的混合物，皮肤中的脂肪过氧化物明显减少，皮肤的保水性和弹性增强（Morganti et al.，2002；Palombo et al.，2006）。

（4）延缓动脉硬化。研究结果表明，叶黄素对早期的动脉硬化进程有延缓作用。主要是动脉主干道血管内膜厚度的变化与血液中叶黄素含量之间的关系。血液中叶黄素含量较低，极易引起动脉血管壁增厚，随着叶黄素含量的逐渐增加，动脉壁增厚趋势降低，动脉栓塞也显著降低。同时，动脉壁细胞中的叶黄素还可降低 LDL 胆固醇的氧化性。动物试验和流行病学研究表明，叶黄素和玉米黄素都会减少冠心病的发生（Dwye et al.，2001；Iribarren et al.，1997）。流行病学调查发现，叶黄素的摄入可以减少局部缺血性中风的发生。叶黄素可能具有保护心血管系统的作用。在第一代希腊裔澳大利亚人群血液中类胡萝卜素的水平较高，特别是叶黄素，其心血管疾病死亡率较澳大利亚土生土长 30 年以上的居民低 35%。在 480 名 40~60 岁的市政雇员中，颈动脉内膜、中膜的增厚有明显减缓的人体内，血清叶黄素水平与其在 18 个月前相比增加了 20%，明显减缓颈动脉内膜、中膜的增厚（早期动脉粥样硬化的指标）（Dwye et al.，

2001)。

(5) 叶黄素还广泛存在于大脑内的各个部分,其含量占脑部总类胡萝卜素的 59%,且其浓度与婴儿大脑发育和老年人认知功能存在正相关关系(Samanta et al.,2016)。早产儿大脑中叶黄素的浓度显著偏低,这可能是造成早产儿神经发育缺陷的原因。并且,婴儿早期体内叶黄素水平偏低也会增加神经发育受损、视网膜色素上皮成熟、神经组织氧化的应激风险(Bian et al.,2012)。

(6) 预防糖尿病。糖尿病是指胰岛素相对或绝对不足引起的糖、脂肪、蛋白质、继发性的水、电解质代谢紊乱及酸碱平衡失调的内分泌代谢紊乱综合征,临床上以高血糖为主要特点,出现多饮、多食、多尿、消瘦等表现,是一种伴随着癌症、高血压、神经紊乱和心血管疾病并发风险的常见疾病。Arnal 等给予糖尿病大鼠每天 0.5 mg/kg 叶黄素,12 周后取样检查,发现大脑皮层丙二醛等过氧化产物(糖尿病的一项指标)含量下降。因此,叶黄素对中枢神经系统有保护作用,而且叶黄素可以作为有效的辅佐剂加强胰岛素降血糖的功能。进食含叶黄素丰富的蔬菜、水果等食物可以减少患糖尿病的风险(孟哲等,2007)。

(7) 叶黄素的着色作用。叶黄素的突出作用是其稳定的着色能力。含叶黄素的生物材料已成为天然饲料着色剂的主要来源,对其研究日益受到关注。在以此为饲料的家禽中,禽蛋上 70%的色素为叶黄素,而且当禽蛋煮熟后其着色效果并无变化。因为其具有良好的着色能力和稳定安全等特性,赋予食品美丽的金黄色,所以在欧美国家已经把叶黄素列为食品着色剂(董旭丽,2006)。

2.2.4　玉米黄质

(1) 抗氧化功能。在体内玉米黄素虽然不能转化为维生素 A,不具有维生素 A 活性,但却是人体可利用的重要的强抗氧化剂，可通过猝灭单线态氧清除自由基等抗氧化行为来保护机体组织细胞，以降低某些疾病发生的危险。如作为一种强抗氧化剂，它可以猝灭单线态氧和光敏剂的三重态，清除损害性氧自由基，防止膜脂过氧化，减少脂褐素的形成，进而防止白内障的形成。

（2）预防心血管疾病，减缓动脉硬化进程。防止脂质过氧化而抑制肿瘤的生长，防止紫外线照射对上皮细胞的 DNA 破坏。Jorgensen 等（1993）在研究玉米黄质清除自由基的效果时发现，随着玉米黄质浓度的增高和氧分压的降低，其抗氧化作用更加明显，可保护脂质和维生素不被氧化。Snodderly 等（1995）研究表明，玉米黄质在抑制细胞脂质的自动氧化和防止氧化带来的细胞损伤方面比 β-胡萝卜素更有效，而细胞脂质的过氧化与肿瘤的生长有关。这说明玉米黄质具有减少癌症的发生和增强免疫功能的作用。

（3）视觉保护作用。叶黄素和玉米黄素在减少与衰老相关联的黄斑退化和白内障等严重眼疾发生中起重要作用。据美国统计，40 岁以上成年人视力下降的主要原因之一是"增龄性黄斑变性症"（age‐related macular degeneration，AMD）及其眼病（一种老年性角膜浑浊所致的盲眼病），2001 年美国 AMD 患者约有 1 400 万人。据 Seddon 等（1994）对 AMD 患者 365 人和健康者 520 人进行研究，凡摄食富含叶黄素和玉米黄素的黄绿色蔬果者，患 AMD 危险性明显下降。有关黄斑变性的病理生理学认为，黄斑变性的产生与高能短波光和紫外线、可见光的辐射有关（Snodderly，1995；Sommerburg et al.，1995）。研究表明，叶黄素和玉米黄素以高浓度存在于人眼底黄斑中，可作为近紫外蓝光的吸收剂行使保护功能。光线到达眼睛的视杆细胞与视锥细胞之前必先通过高浓度的叶黄素和玉米黄素层，其可吸收光线而防止黄斑氧化损伤，以保护黄斑免遭破坏。白内障是由于晶状体透明度下降、浑浊而导致视力障碍的一种疾病。有研究发现，抗氧化维生素类胡萝卜素（玉米黄素）和自由基清除剂具有抗白内障的作用（王业勤，1997）。在眼睛晶状体中存在的玉米黄素能猝灭单线态氧，间接地减少晶状体蛋白的氧胁迫，从而防止白内障的形成。

2.2.5　β-隐黄质

（1）合成维生素A。β-隐黄质作为维生素A的前体物来发挥其生物学功能。

（2）抗氧化功能。β-隐黄质具有抗氧化作用，它是单线态氧和其他类型氧自由基的优良去除剂，也是良好的活性氧猝灭剂。作为抗氧化剂，它能有效地抵御器官和组织的氧化损伤。其在细胞间信息沟通中也发挥重要作用。

（3）抗癌功能。由于癌症的发生大多归因于DNA的损伤，而氧化胁迫是DNA损伤的重要原因之一，目前有关β-隐黄质抗癌方面的研究都集中在它的抗氧化性质上。β-隐黄质也是一种活性物质，可以保护生物分子（包括脂类、蛋白质和核酸）免受自由基的攻击，β-隐黄质作为食源性抗氧化剂，它能够清除胃肠道中多余的ROS，保护胃肠道微生物菌群的平衡，从而可以减少患癌症的风险。由于β-隐黄质参与了细胞内分子的转录过程，它的抗癌机理可能在于通过改变激素和生长因子发出的信号、对细胞周期的调节机制、对细胞分化和细胞凋亡的调节来改变细胞生长和死亡，从而达到防癌、抗癌作用。因此，β-隐黄质是一种良好的抗癌因子，尤其是对吸烟引起的肺癌有独特的疗效（Abnet et al.，2003）。

（4）在维持骨骼健康方面有独特的功能。β-隐黄质可能有助于改善骨密度和骨强度，同时也可能对骨形成有刺激作用，而其他的类胡萝卜素经过试验发现却没有此功能。体外试验发现，β-隐黄质能够促进骨的钙化作用，并且能够促进成骨细胞的形成和破骨细胞的凋亡。动物试验发现，β-隐黄质能减少糖尿病大鼠和去势大鼠的骨损失（Uchiyama et al.，2005）。人体试验发现，富含 β-隐黄质的柑橘（温州蜜柑）汁对健康人和更年期妇女的骨形成有促进作用，且对骨吸收有抑制作用（Yamaguchi et al.，2004）。流行病学研究发现，β-隐黄质能够降低骨质疏松症和风湿性关节炎发生的风险（Wang et al.，2007；Sugiura et al.，2008；Granado - Lorencio et al.，2008；Pattison et al.，2005）。

（5）β-隐黄质可以促进人体蛋白质的合成，防止人体蛋白质的流失，增强人体的免疫能力。

2.2.6 虾青素

（1）降血压。据统计，高血压是全球疾病负担和全球死亡率的最大单一贡献者。虾青素可以通过抑制血管平滑肌细胞增殖和恢复线粒体功能来有效治疗血管重构。在体外，虾青素可减轻血管平滑肌细胞的增殖和迁移，降低细胞中活性氧的含量水平，并平衡与活性氧相关的酶的活性，包括还原型辅酶Ⅱ（NADPH）氧化酶、黄嘌呤氧化酶和超氧化物歧化酶。通过血清学试验发现，虾青素可降低自发性高血压大鼠的血压并减轻血管重构（Chen et al.，2020）。添加虾青素的饮食通过降低血压、改善心血管重塑和氧化应激状态，有治疗高血压的作用。

（2）抗衰老。紫外线老化是导致衰老的重要因素。紫外线到达人体皮肤后会产生活性氧和基质金属蛋白酶，破坏胶原蛋白和弹性蛋白，导致黑色素沉积和产生皮肤皱纹（Yi et al.，2014）。据报道，虾青素可以阻止皮肤增厚和胶原蛋白减少，以对抗紫外线引起的皮肤损伤（Liu et al.，2018），减缓紫外线老化引起的生理功能变化（Santos et al.，2012）。膳食中加入虾青素可改善紫外线老化引起的面部皮肤屏障受损和缺乏弹性，且耐受性良好。

（3）抗疲劳。抗疲劳作用包括延缓疲劳产生和加速疲劳消除。天然虾青素由于特殊的分子结构，在清除自由基、降低过氧化物水平、强化机体抗氧化系统等方面有显著功效。虾青素可以跨越血脑屏障，保护大脑免受急性损伤和慢性神经退行性变（Shen et al.，2009）。虾青素的神经保护特性源于其抗氧化、抗凋亡和抗炎作用（Zhang et al.，2014）。在剧烈运动引起的氧化应激情况下，天然虾青素具有对抗自由基产生并加速自由基清除的作用，显示出卓越的抗氧化功效。通过抗氧化与抗疲劳效果的相关性分析发现，抗氧化能力的提高可以增强抗疲劳能力，两者相辅相成。膳食中补充虾青素可改善脂质代谢、碳水化合物代谢和氨基酸代谢，对清除自由基和减轻肌肉损伤有显著作用（Polotow et al.，2014）。

（4）护眼。研究表明，虾青素可以通过其抗氧化作用减少大鼠视网膜中视网膜蛋白氧化物的含量，抑制缺血诱导的视网膜细胞死亡，并降低高血压引起的视网膜细胞凋亡，在修复视网膜损伤中具有关键作用。因此，虾青素可在多种眼部疾病中发挥有益作用，包括延缓代谢性白内障发展、提高干眼症患者泪液稳定性、缓解眼睛疲劳。虾青素的神经保护作用也可用于青光眼的治疗。

（5）增强免疫力。免疫系统对自由基引起的损伤高度敏感。虾青素不仅能为自由基提供电子，还能与自由基结合生成无害的化合物，从而清除自由基或者终止自由基的链式反应，并恢复免疫系统的防御机制。为了研究虾青素对免疫系统的作用，Park等（2011）将雌性家猫设为模型动物，研究表明饲喂虾青素的猫外周血单个核细胞的增殖和自然杀伤细胞活性增加。Zhu等（2020）指出，日粮中添加虾青素可以提高生长性能，提高抗氧化和免疫反应，调节炎症相关基因的相对表达。Jeong等（2020）的研究结果证实了虾青素对免疫细胞的成熟诱导和功能调节活性，这表明在癌症治疗中虾青素的抗氧化作用可增强免疫系统功能。

（6）抗糖尿病。糖尿病与氧化应激密切相关，氧化应激可能是自由基增加、抗氧化防御能力降低或两者共同产生的结果。一般来说，糖尿病患者的氧化应激水平较高。它是由高血糖、胰岛B细胞功能紊乱和组织损伤引起。虾青素可降低血浆中葡萄糖和胰岛素水平，并改善全身胰岛素敏感性和胰岛素刺激的葡萄糖摄取。虾青素治疗可显著提高葡萄糖耐受性和缓解胰岛B细胞功能不全，抑制血脂异常和氧化应激，增加抗氧化酶的活性。在糖尿病大鼠淋巴细胞的功能障碍恢复中，虾青素也是一种良好的免疫制剂（Otton et al.，2010）。添加虾青素可显著降低小鼠因高脂、高果糖饮食所致的高血糖和高胰岛素水平（Bhuvaneswari et al.，2010）。

（7）抗肿瘤。虾青素可以通过自身的抗氧化特性，抑制应激诱导的自然杀伤细胞的肿瘤活性，虾青素有效改善了应激诱导的免疫功能障碍，甚至可以调节部分基因的活性，抑制恶性肿瘤的转移。Faraone等（2020）研究指出，虾青素诱导下肿瘤细胞的细胞周期停滞。虾青素可抑制肿瘤扩散、增强肿瘤细胞对化疗的敏感性，并限制其不良反应。虾青素调节免疫反应，抑制癌细胞生长，减少细菌负荷和缓解胃黏膜炎症，并防止紫外线引起的氧化应激。Zhang等（2011）研究表明，虾青素可以抑制白血病细胞的增殖和生长。Yasui等（2011）研究显示，虾青素分泌的促肿瘤坏死因子和抗炎性因子能有效抑制结肠癌细胞的生长且诱导癌细胞凋亡。此外，虾青素还能有效预防胃癌、膀胱癌，以及有效清除体内由光辐射产生的自由基，减少光化学对皮肤造成的损伤，阻碍皮肤癌的发生。

2.3 小结

类胡萝卜素在植物中可以吸收可见光，保护光合作用元件，使植物呈现漂亮的黄色、橙色和红色，吸引昆虫促进授粉和调控植物生长发育。类胡萝卜素在清除人体自由基、提高免疫力、预防心血管疾病和癌症等保护人类健康方面也起着十分重要的作用。β-胡萝卜素、番茄红素和β-隐黄质是维生素 A 前体合成物质，叶黄素、玉米黄质和虾青素虽然不能生成维生素 A，但也具有多种对人体有益的作用。这一章对这些类胡萝卜素各自相应的作用进行了归纳和总结。

园艺植物中类胡萝卜素的提取和分析

类胡萝卜素不仅具有广泛的生物学作用，还可以作为食品和化妆品的天然着色剂以及动物饲料的添加剂。据报道，2018年商用类胡萝卜素的市场价值达到14亿美元。由于动物（除一些种类蚜虫）不能合成类胡萝卜素，需要从食物中获取，且随着对类胡萝卜素制品需求的增加，充分开发利用植物源类胡萝卜素已成为大势所趋，因而要求有更可靠的定性和定量分析技术。

3.1 提取技术

3.1.1 溶剂提取

溶剂提取（solvent extraction，SE）是依据化合物在溶剂中的溶解性差异，将所需成分提取出来的一种方法。对不同结构的类胡萝卜素所使用的溶剂种类相差较大。例如，极性大的含氧类胡萝卜素主要使用丙酮等极性强的溶剂，极性小的类胡萝卜素主要使用石油醚等极性弱的溶剂（康保珊等，2007）。选择合适溶剂是有效提取类胡萝卜素的关键。目前常用组合溶剂提高提取效率，如乙腈-丁醇、乙酸乙酯-石油醚、乙醇-丙酮、丙酮-二氯甲烷、丙酮-正己烷、丙酮-石油醚、正己烷-乙醚、正己烷-乙醇-丙酮-甲苯、甲醇-四氢呋喃、正己烷-乙酸乙酯和正己烷-丙酮-乙醇（Lin and Chen，2003；张卫红等，2014；莫玉楠等，2014；Amorim - Carrilho et al. ，2014；Zheng et al. ，2016）。

Poojary 和 Passamonti（2015）采用四因素（提取温度、提取时间、丙酮正己烷比例和溶剂体积）全因子试验设计研究了这些变量对番茄（*Lycopersicon esculentum*）加工废料中 all‐*trans*‐番茄红素提取的影响。结果表明，最佳提取条件为温度 20℃、提取 40 min、溶剂组合为丙酮‐正己烷（1∶3，*V/V*）、溶剂体积为 40 mL，番茄红素最大回收率为 94.7%、all‐*trans*‐番茄红素纯度为 98.3%。此外，由于类胡萝卜素在氧、酸、强光及高温下易降解或异构化，皂化（saponification）处理是近年类胡萝卜素提取较为常用的步骤；且皂化有助于去除材料中的叶绿素和脂类，也被用来水解酯化形式的类胡萝卜素，为后续类胡萝卜素的色谱分离和准确鉴定奠定了基础（Amorim‐Carrilho et al.，2014）。赵薪鑫等（2017）探究了不同提取试剂以及皂化反应对萱草属（*Hemerocallis*）植物花瓣中类胡萝卜素提取效果的影响，发现丙酮‐正己烷（3∶5，*V/V*），常温皂化 16 h，提取效果最佳。此外，丁基羟基甲苯（butyl hydroxy toluene，BHT）是目前在溶剂中添加的保护类胡萝卜素的最常用抗氧化剂，其他抗氧化剂［如邻苯三酚、丁基羟基茴香醇（BHA）、抗坏血酸以及丁基对苯二酚（TBHQ）］也有使用（Amorim‐Carrilho et al.，2014）。

3.1.2 绿色溶剂提取

绿色溶剂提取（green solvent extraction，GSE）是以环境友好的可再生生物质绿色溶剂（如植物油）代替有机溶剂进行类胡萝卜素的提取（Yara‐Varón et al.，2016）。王宪青等（2004）研究了大豆油、花生油、葵花籽油和小麦胚芽油提取番茄中的番茄红素，发现用葵花籽油作提取溶剂，料液比为 1∶1（*m/V*），萃取 4 h，提取效果较好。Goula 等（2017）开发了一种超声辅助葵花籽油提取石榴（*Punica granatum*）皮中类胡萝卜素的方法，最佳工艺为：提取温度为 51.5℃，料液比为 1∶10（*m/V*），超声振幅水平为 58.8 μm。超声辅助提高了类胡萝卜素的扩散率，这是由于黏度较高是植物油提取类胡萝卜素的主要限制因素。植物油提取类胡萝卜素比传统的溶剂提取有明显的优势，因为富含类胡萝卜素的植物油可直接用于食品配方。然而，工业规模的植物油提取类胡萝卜素研究尚不多见。深入研究各种天然类胡萝卜素的植物油提取优化方法以及制造成本（经济可行性），以确定工业上最可行的技术方法势在必行（Saini and Keum，2018）。

3.1.3 酶辅助提取

酶辅助提取（enzyme‐assisted extraction，EAE）是通过添加水解酶打破细胞壁结构的完整性，暴露细胞内物质，从而达到提高类胡萝卜素提取效率的目的。Choudhari 和 Ananthanarayan（2007）发现，经纤维素酶（cellulase）和果胶酶（pectinase）处理大大提高了番茄果实番茄红素的提取率。Strati 等（2015）也获得了类似结果。

3.1.4 微波辅助提取

微波辅助提取（microwave‐assisted extraction，MAE）是利用样品和溶剂中的偶极分子在高频微波作用下，由于偶极旋转与离子漂移诱导极性分子内部快速产生大量热，加速了被提取物向提取溶剂的迁移，缩短了提取时间，具有回收率高、溶剂用量少、能耗低和易于控温等特点（李巧玲，2003；Ho et al.，2015）。MAE 方法已成功用于柑橘（*Citrus reticulata*）、中华猕猴桃（*Actinidia chinensis*）和番茄等类胡萝卜素的提取（廖春燕、磨文龙，2009；高洁等，2013；Ho et al.，2015）。MAE 对大多数样品来说是一种简单、经济的方法，但不能排除热降解和顺反异构化。间歇辐射（intermittent radiation）可以提高类胡萝卜素的回收率，提高抗氧化活性，最大限度地减少热降解。因此，可在微波功率、溶剂体积和间歇比的不同水平上进一步优化 MAE 法的提取工艺。

3.1.5　超声波辅助提取

超声波辅助提取（ultrasound‐assisted extraction，UAE）是利用超声过程产生的空化现象（cavitation），即通过溶剂内微气核空化泡的形成、发展和崩溃，在细胞表面引导液体/蒸汽的喷射，导致细胞破裂，提高物质的提取效率。该法具有节能、省时和高效等优点（金思、马空军，2017）。王星等（2014）采用超声波辅助皂化法提取枸杞（*Lycium chinense*）皮渣中的类胡萝卜素，在超声波功率为 205 J/s 条件下类胡萝卜素提取量为 129.121 mg/kg。UAE 已成功用于魔盒萱草（*Hemerocallis fulva* cv. 'Pandora's Box'）、番茄、枸杞和波罗蜜（*Artocarpus heterophyllus*）中类胡萝卜素的提取（黄昕蕾等，2013；刘长付、陈媛梅，2013；吴有锋等，2016；胡丽松等，2017）。

3.1.6　超临界流体萃取

超临界流体萃取（supercritical fluid extraction，SFE）是利用压力或温度的改变对超临界流体溶解能力的影响，从而有选择性地把极性、沸点和相对分子质量不同的成分萃取出来的方法。该法以超临界 CO_2 为溶剂，使用的助溶剂（如乙醇）少，并且减少了光、热以及氧等对类胡萝卜素提取的影响（Zaghdoudi et al.，2016）。Shi 等（2010）考察了超临界 CO_2 提取南瓜（*Cucurbita moschata*）中类胡萝卜素的工艺条件，发现萃取温度为 70℃、萃取压力为 35 MPa、萃取 40 min，且在 10% 乙醇助溶剂（modifier）条件下类胡萝卜素的产率可达 109.6 $\mu g/g$。SFE 对提取高纯类胡萝卜素等热不稳定化合物来说是一种绿色环保的方法，但对极性大的含氧类胡萝卜素的提取效率很低（Hosseini et al.，2017）。

现代提取方法（微波辅助提取、超声波辅助提取和超临界流体萃取）与传统提取方法（溶剂提取、绿色溶剂提取和酶辅助提取）相比，减少了溶剂用量、缩短了提取时间、提高了类胡萝卜素的提取效率和稳定性，未来将得到更广泛的应用。然而，任何提取方法都无法满足所有试验材料的需要，新技术对于特定植物材料的特殊需求以及工厂化提取技术还有待继续完善。实践中，超声波辅助与超临界流体协同萃取技术、超声波辅助与微波辅助协同萃取技术、超声波辅助与冷冻协同萃取技术以及超声波辅助与双水相协同萃取技术等均可用于类胡萝卜素的提取（金思、马空军，2017）。

3.2 分离纯化技术

3.2.1 柱色谱

柱色谱（column chromatography，CC）是主要利用混合物中各组分理化性质差异导致其在固定相和流动相中分配系数不同而达到彼此分离的目的（李晓银，2006）。Chen 等（1991）以活化氧化镁-硅藻土（1∶1，V/V）为吸附剂、以不同比例的正己烷-丙酮-甲醇为洗脱剂对空心菜（*Ipomoea aquatica*）中的类胡萝卜素进行分离，重复性较好。De Azevedo‐Meleiro 和 Rodriguez‐Amaya（2005）采用氧化镁-硅藻土（1∶1，V/V）填充柱制备 β-胡萝卜素、叶黄素、紫黄质、新黄素和莴苣黄素标准品，纯度可达 92%～98%。Kao 等（2012）以氧化镁-硅藻土为吸附剂，用乙酸乙酯洗脱，从台湾蒲公英（*Taraxacum formosanum*）中制备出更多的类胡萝卜素环氧衍生物及其顺式异构体。

3.2.2 薄层色谱

薄层色谱（thin layer chromatography，TLC），又称薄层分析，是将固定相均匀铺在平板上形成薄层，将样品溶液点在薄层板的一端，用适宜的展开剂使混合物得以分离、提纯的方法。该法分离成本低（曹洪玉，2009）。范文秀等（2004）以薄层层析-分光光度法测定了南瓜中 β-胡萝卜素的含量。

3.2.3 膜分离

膜分离（membrane separation，MS）是利用膜选择透性，

实现溶剂与不同粒径组分混合物的选择性分离、纯化的方法。该法适于热敏性物质的分离与浓缩，能耗低且选择性好（孙福东等，2008）。Chiu 等（2009）利用平板聚合物膜（NP10）从天然棕榈（*Trachycarpus fortunei*）油中精炼类胡萝卜素，在压力为 2.5 MPa、40℃条件下 β-胡萝卜素回收率达 75%。Oliveira 等（2016）利用孔径为 0.2 μm 的 α-Al_2O_3 膜（T1-70）从西瓜（*Citrullus lanatus*）汁中分离番茄红素，效果极佳。

3.2.4 高速逆流色谱

高速逆流色谱（high-speed counter-current chromatography，HSCCC）是一种基于液-液分配色谱的现代制备色谱技术。该法利用互不相溶的两相溶剂体系在高速运动的螺旋管内建立起一种特殊的单向流体动力学平衡，而物质依赖于其在两相中分配系数的不同实现分离。该法避免了因不可逆吸附而引起的样品损失、变性和失活，且回收率高、制备量大（李爱峰等，2008）。Baldermann 等（2008）采用 HSCCC，以正己烷-二氯甲烷-乙腈溶剂系统（30∶11∶18，*V/V/V*），从番茄酱中分离出全反式番茄红素。

3.3 含量测定方法

3.3.1 分光光度法

分光光度法（spectro photometry，SP）是利用类胡萝卜素分子所具有的较长共轭双键体系（发色团）使其在紫外-可见光区有强吸收峰，可根据最高峰位置、吸收光谱形状和光谱精细结构等信息对类胡萝卜素进行定性定量分析。Burgos 等（2009）采用分光光度法揭示了富利亚薯（*Solanum phureja*）品种间类胡萝卜素差异以及总类胡萝卜素与玉米黄质、玉米黄素和 β-胡萝卜素之间的关系。邹德喜等（2013）采用分光光度法分析了沙棘（*Hippophae rhamnoides*）果实 β-胡萝卜素的含量，为沙棘天然色素开发以及遗传育种提供了依据。

3.3.2 高效液相色谱法

高效液相色谱（high‐performance liquid chromatography，HPLC）法是以单一或不同极性的混合溶剂为流动相，采用高压泵将流动相输入色谱柱，在柱内根据被分离物质组分在固定相和流动相间分配的平衡将不同组分分离后，进入检测器检测，从而实现对样品的分析（惠伯棣等，2002）。HPLC 包括正相色谱和反相色谱。正相色谱（normal phase chromatography，NPC）是采用极性键合固定相（如带有二醇基、氨基和氰基）、非极性流动相（如正己烷）的分离方法，有利于分离中等极性和极性较强的化合物。反相色谱（reversed‐phase chromatography，RPC）则是采用非极性键合固定相，如硅胶‐$C_{18}H_{37}$（简称 ODS 或 C_{18}）和硅胶‐苯基等，以强极性溶剂为流动相，如甲醇‐水和乙腈‐水，该系统能较好地分离多种类胡萝卜素及其异构体。近年来，NPC 逐渐被 RPC 取代。徐响等（2007）以反相 C_{18} 柱分离和测定了沙棘全果油中的类胡萝卜素，在波长 450 nm 处共分离检测出 14 种游离的类胡萝卜素，并对叶黄素、玉米黄质、β‐隐黄质和 β‐胡萝卜素进行了定量分析。由于 C_{18} 柱对类胡萝卜素顺反异构体的分离能力有限，从 20 世纪 90 年代开始，逐渐引入 C_{30} 柱以便能更好地分离非极性类胡萝卜素和 C_{18} 柱难以分离的几何异构体，同时也带来了分析时间过长的问题（Turcsi et al.，2016）。Chen 等（2004）采用 C_{30} 柱，应用一种改进的 HPLC 方法，在 53 min 内检测出 25 种类胡萝卜素。康迎春等（2014）采用 YMC‐C_{30} 色谱柱建立了枸杞果实中 5 种类胡萝卜素（新黄质、叶黄质、玉米黄素、β‐隐黄质及 β‐胡萝卜素）的 HPLC 分析方法。胡海涛等（2016）也成功地用 HPLC 法对 5 种胡颓子属（*Elaeagnus*）植物果实番茄红素的含量进行了分析。然而，类胡萝卜素的 HPLC 法定量通常是基于标样的质量与峰面积之间的线性关系，而目前大多数需要分析的类胡萝卜素都没有标样，故只能采取半定量方法。为了提供复杂样品鉴别分析物所需的最佳分辨率以及分离能力，通过引进多维色谱（multidimensional chromatography）大大提高了相应一维色谱技术的分离能力。Dugo 等（2006）首次应用 LC×LC（即全二维液相色谱），以硅胶微高效液相色谱正相柱为第一维、反相整体 C_{18} 柱为第二维，分析了红橙皂化挥发油中的类胡萝卜素。此外，Dugo 等（2008）还采用正相微孔氰基柱和反相整体 C_{18} 柱，配备光电二极管阵列检测器（PDA）和 APCIMS 检测器分析了游离及酯化类胡萝卜素。该方法可同时检测 40 种不同的类胡萝卜素，并且不需要任何预处理。

3.3.3 超高效液相色谱法

超高效液相色谱（ultra - high performance liquid chromatography，UHPLC[①]）是 20 世纪 90 年代借助 HPLC 理论，推出的一种液相色谱技术，其最大特点是色谱柱的固定相填料粒径小于 2 μm，系统压力可达 100 MPa，理论塔板数高于 HPLC，有更高的信噪比、更好的分离效果，大大减少了分析时间。目前，用于分析类胡萝卜素的 UPLC 柱主要包括 $HSSC_{18}$（用于分离叶黄素类）和 $BEHC_{18}$（用于分离胡萝卜素类）。Delpino Rius 等（2014）开发了一种 UPLC 分析果汁中类胡萝卜素的方法，可同时检测环氧类胡萝卜素（epoxycarotenoid）、羟基类胡萝卜素（hydroxy carotenoids）和胡萝卜素（carotene），在 17 min 内检测出 27 种类胡萝卜素。Kim 等（2016）采用 UPLC 配备 HSST3 柱在 30 min 内成功分析了辣椒（*Capsicum annuum*）中的 12 种类胡萝卜素。

3.3.4 超高效合相色谱法

超高效合相色谱（ultra - performance convergence chroma-

---

① UHPLC 的诞生是 UPLC 对色谱分离技术带来的一系列变化之一。UHPLC 在制造技术、扩散体积和耐受压力方面进行了优化，使之能够匹配 2.5～3.5 μm 颗粒度的柱子，最大限度地发挥色谱性能。此部分后边的文献资料，更多采用的是 UPLC。

tography，UPC^2）是一种全新的色谱技术，其遵循超临界流体色谱（super critical fluid chromatography，SFC）的基本原理，同时利用比 UPLC 更小的系统容积。由于 UPC^2 采用填料粒径小于 2 μm 的色谱柱，大大减少了分析时间和样品在分析过程中的降解，同时也提高了分辨率和检测灵敏度；其所需样品量很少（1～5 μL）且对类胡萝卜素同分异构体有更好的分离效果。此外，UPC^2 所用流动相主要为超临界 CO_2，大大减少了有毒溶剂的使用，更符合绿色环保理念。赵薪鑫等（2017）初步探讨了 UPC^2 结合二极管阵列检测器（PDA）和串联四极杆质谱（TQ-MS）检测萱草属植物中的类胡萝卜素，共检测出 20 种类胡萝卜素。但是，用 UPC^2 检测植物中的类胡萝卜素才刚刚起步，尚需进一步优化检测条件。

3.3.5 毛细管液相色谱法

毛细管液相色谱法（capillary liquid chromatography，CLC）与普通液相色谱法原理类似，只是用毛细管柱代替普通液相色谱柱。该法显著降低了有机溶剂的消耗并节省了样品用量，易与其他技术耦合。Xu 和 Jia（2009）采用 CLC 结合在线固相微萃取（SPME）分析了脂溶性维生素和 β-胡萝卜素，使用单片硅-ODS 柱，并在 UV/Vis 检测器中用一个光纤流动池和长的光路来提高检测灵敏度，检测限（LOD）范围为 1.9～17 302 ng/mL，相对标准偏差小于 5%。随着分析仪器的小型化趋势，CLC 将越来越多地被采用。

3.3.6 其他方法

刘燕等（2013）发明了一种利用吸收光谱测定植物活体叶片中叶绿素 a、叶绿素 b 和类胡萝卜素含量的方法。基本原理是用光纤光谱仪测定从 400～700 nm 的叶片吸收光谱，对吸收光谱进行四阶导数处理，从而分离不同组分的吸收峰，用 900 nm 处的光谱校正叶片结构差异所带来的误差，从而准确测定 3 种色素的含量。

3.4　结构鉴定

3.4.1　高效液相色谱-质谱联用法

高效液相色谱-质谱联用法（high performance liquid chromatography - mass spectrometry，HPLC - MS）将 HPLC 的高分离性能与 MS 强大的结构鉴定功能相结合，广泛用于物质结构鉴定。对已知物质，可将质谱获得的分子结构信息（分子质量和断裂模式）与已发表的碎片离子丰度或质谱文库进行比对；而对于未知物质，需结合在线 PDA 或 UV - Vis 检测器以及串联质谱（tandem MS，MS/MS）为其鉴定提供更多有价值的信息。分子断裂模式（fragmentation pattern）取决于电离技术和流动相的组成。目前，已利用各种电离技术获得了大量的类胡萝卜素特征片段。在与 HPLC 兼容的电离技术中，类胡萝卜素研究中最成功的是电喷雾电离（electro spray ionization，ESI）和大气压化学电离（atmospheric pressure chemical ionization，APCI）。APCI 通常具有较强的电离非极性化合物的能力，而 ESI 更适合极性化合物的电离（Amorim - Carrilho et al.，2014）。由于在正离子电喷雾过程中，胡萝卜素和含氧类胡萝卜素能形成分子离子或质子化分子，但在使用负离子电喷雾时，胡萝卜素不被电离。然而，APCI 对于胡萝卜素和含氧类胡萝卜素均能形成大量的正/负电荷分子离子或质子化和去质子化分子。因此，更多的研究人员使用 LC - PDA - APCI - MS^n 法对不同基质中的类胡萝卜素进行分析和鉴定（Inbarajetal.，2008；De Jesús Ornelas - Paz et al.，2008；Kao et al.，2012；Li et al.，2012；Van Breemen et al.，2012；Giuffrida et al.，2013）。De Azevedo - Meleiro 等（2005）采用 HPLC - PDA - MS 方法，根据吸收光谱精细结构（％Ⅲ/Ⅱ）、化学检测反应和质谱鉴定了栽培菊苣（*Cichorium endivia*）和新西兰菠菜（*Tetragonia tetragonoides*）中几种主要的类胡萝卜素，包括新黄质（*m/z* 600）、紫黄质（*m/z*

600)、莴苣黄素（m/z 568）、叶黄素（m/z 568）和 β-胡萝卜素（m/z 536）。Zhong 等（2016）采用 HPLC-DADAPCI$^+$-MS 法鉴定了 4 种玫瑰果实（rose hip fruit）中的类胡萝卜素，首次在未皂化提取物中检测到 23 种类胡萝卜素酯［其中，玉红黄质酯（rubixanthin ester）和紫黄质酯（violaxanthin ester）是主导成分］；在皂化提取物中检测到 21 种类胡萝卜素，包括 11 种含氧类胡萝卜素和 10 种胡萝卜素。Etzbach 等（2018）采用 HPLC-DAD-APCI-MS^n 法测定了酸浆果（*Physalis peruviana*）不同成熟期和不同器官中类胡萝卜素的组成及含量，检测到 53 种类胡萝卜素，其中 42 种得到鉴定。Schex 等（2018）采用 HPLC-DAD-APCI/ESI-MS^n 法研究了不同成熟期哥斯达黎加格鲁椰子（*Acrocomia aculeate*）的类胡萝卜素和 α-生育酚，25 种类胡萝卜素得到有效鉴定，包括：花药黄质（m/z [585]：567、549、493 和 221）、β-胡萝卜素（m/z [537]：481、457、445、444、413、401、399、387、347、321 和 281）、叶黄素（[M+H-H$_2$O]$^+$，m/z [551]：533、495、477、459 和 429）、黄体黄质（m/z [601]：583、565、509、445、429 和 221）、新黄质（m/z [601]：583、565、547、521、509、491、445、393 和 221）、八氢番茄红素（m/z [545]：503、489、475、463 和 435）、六氢番茄红素（m/z [543]：501、487、473、461、433、405 和 323）、紫黄质（m/z [601]：583、565、521、509、491、445、429 和 221）和玉米黄质（m/z [569]：551、549、533、477、463、459、411、393 和 376），以及若干上述化合物的（*Z*）-异构体。而超高效液相色谱-质谱联用法（ultra-performance liquid chromatography-mass spectrum，UPLC-MS）和超高效合相色谱-质谱联用法（ultra-performance convergence chromatography-mass spectrum，UPC^2-MS）/超临界流体色谱-质谱联用法（supercritical fluid chromatography-mass spectrum，SFC-MS）作为 HPLC-MS 的升级版也逐渐开始应用于植物类

胡萝卜素的结构鉴定（Goupy et al.，2013；Giuffrida et al.，2018）。

3.4.2 红外光谱法

红外光谱（infrared spectroscopy，IR）是分子吸收光谱的一种，根据每种物质分子都具有由其组成和结构决定的选择性红外吸收来进行结构分析的一种方法。该法具有特征性强、试样用量少和简便快速等优点。但 IR 主要提供官能团的结构信息，对于复杂化合物和新化合物，需要结合其他手段进行综合解析，才能确定分子结构。Chen 等（2009）利用近红外光谱系统（NIR systems）检测了 151 个芥蓝（*Brassica oleracea*）样品中的叶黄素和 β-胡萝卜素，反射光谱（log l/R）扫描范围为 1 100～2 500 nm，每间隔 2 nm 记录。DeOliveira 等（2014）比较了近红外光谱（near infrared，NIR）和中红外光谱（mid-infrared spectroscopy，MIR）检测西番莲果（*Passiflora edulis* f. *flavicarpa*）β-胡萝卜素的优劣，2 种方法的结果都不令人满意。

3.4.3 拉曼光谱法

拉曼光谱（Raman spectrometry，RS）是一种散射光谱。该法基于印度物理学家 C V Raman 所发现的拉曼散射效应，即光通过透明介质时被分子散射的光发生频率变化，频率位移与发生散射的分子结构有关，而应用于物质结构分析的一种方法。RS 无需样品制备，操作简便、测试时间短且灵敏度较高。由于水的拉曼散射微弱，RS 是研究水溶液中生物样品的理想工具。Lawaetz 等（2016）采用 RS 结合偏最小二乘法对胡萝卜（*Daucus carota*）中的类胡萝卜素进行了无损快速测定，该法适合橙色胡萝卜的早期预测和分级。

3.4.4 高效液相色谱-核磁共振法

高效液相色谱-核磁共振法（high performance liquid chromatography-nuclear magnetic resonance，HPLC-NMR）通过适当的接口技术，将 HPLC 高效分离能力与 NMR 能够提供待

测物丰富结构信息的功能结合起来，用于混合物中未知化合物的结构鉴定技术。与传统的离线 NMR 相比，在线 NMR 检测可以防止样品在分离后至检测期间的结构变化，并能够缩短 NMR 检测时间。HPLC-NMR 始于 20 世纪 80 年代，随着 NMR 不断发展，该技术在未知化合物结构鉴定中的应用日益广泛。目前对类胡萝卜素的鉴定仍以离线 NMR 为主（Jayaprakasha and Patil，2016；Masetti et al.，2017；Agócs et al.，2018；Maulidiani et al.，2018），在线 HPLC-NMR 仍然处于探索和完善阶段。Putzbach 等（2005）采用毛细管高效液相色谱与微线圈磁共振波谱联用（HPLC-NMR）方法测定了小型菠菜（*Spinacia oleracea*）样品中的类胡萝卜素，高特异性样品制备技术-基质固相分散（MSPD）结合高选择性 C_{30} 反相 HPLC-NMR 法使得鉴定微量天然化合物成为可能；该研究对标准溶液中 5 种类胡萝卜素和菠菜样品中 2 种类胡萝卜素的鉴定证明了该新方法的潜力。类胡萝卜素的分离是在自填充熔融石英的毛细管中进行，用丙酮和水组成的二元溶剂梯度洗脱。该微型化系统允许使用全氘化溶剂进行在线 HPLC-NMR，在停流模式下得到的各种类胡萝卜素的 ^{1}HNMR 谱，给出了低纳克范围内样品高信噪比。结构阐明所需的所有参数（如多重结构、耦合常数和积分值）都可以清楚地检测出来。Sivathanu 和 Palaniswamy（2012）采用 HPLC-NMR 以及 LC-APCI-MS 法纯化并鉴定了土生绿球藻（*Chlorococcum humicola*）的类胡萝卜素，主要包括紫黄质、虾青素、叶黄素、玉米黄质、α-胡萝卜素和 β-胡萝卜素。

3.5　小结

近年来，随着对类胡萝卜素制品需求的增加，充分开发利用植物源类胡萝卜素成为必然趋势。而随着可提取类胡萝卜素种类的增加，对其精准定性定量分析成为未来研究的重要课题。目前，在类胡萝卜素提取、分离纯化、含量测定和结构鉴定方面取得了一些重要进展，尤其是组合提取法、固相微萃取技术、超临界流体萃取技术、高效液相色谱-质谱联用技术和高效液相色谱-核磁共振联用技术等对植物类胡萝卜素的提取与分析具有里程碑意义。而随着现代仪器分析技术的进步以及组学工具和大数据技术的广泛应用，必将会有更方便和更高效的类胡萝卜素分析技术涌现。

4 园艺植物中类胡萝卜素的种类、成分

4.1 园艺植物是重要的类胡萝卜素来源

园艺植物主要包括蔬菜、水果和花卉，它们的种植规模与主要粮食作物相比相对较小，但它们具有较高的市场价值。与谷物和豆类不同，许多园艺植物的保质期相对较短，需要随时冷藏才能保持其市场价值。尤其是在世界欠发达地区，园艺产品的保质期成为远距离供应的主要限制因素，许多蔬菜和水果作物只能在小范围种植和食用，在当地生产区之外并不为人所知，致使许多蔬菜被认为是本土作物。美国农业部（USDA）（2010 Agricultural statistics）、联合国粮农组织（FAO）收集和汇总了30～40种蔬菜作物（包括瓜类）和30～40种水果作物的产量数据。由于许多园艺植物种类繁多且多数为本地种植，因此，确定园艺植物的影响效果比较困难，但普遍认为蔬菜和水果的经济价值和营养价值很高。

蔬菜和水果是多种膳食营养的重要来源，其中以类胡萝卜素最为重要。根据美国国家健康和营养调查研究组织（NHANES）对美国食物和营养消费的评估表明，园艺植物是α-胡萝卜素、β-胡萝卜素、番茄红素、β-隐黄质、叶黄素和玉米黄质的唯一来源（Simon et al.，2009）。蔬菜是类胡萝卜素的主要来源，其中胡萝卜、番茄和菠菜分别贡献了20%以上的α-胡萝卜素、β-胡萝卜素、番茄红素、叶黄素和玉米黄质，而橙子是膳食中β-隐

黄质的主要来源。叶黄素和玉米黄质来主要自 12 种不同的园艺植物，β-胡萝卜素主要来自 9 种园艺植物，β-隐黄质主要来自 5 种园艺植物，α-胡萝卜素和番茄红素的主要来源分别是胡萝卜和番茄。

园艺植物是类胡萝卜素的主要来源，但尚未对其他国家或地区的食物摄入量进行比较分析。Simpson（1983）指出，蔬菜中的类胡萝卜素占全球天然膳食中维生素 A 的 68%，在发展中国家中占 82%。联合国粮农组织（FAO）和世界卫生组织（WHO）对发展中国家蔬菜中的类胡萝卜素占全球膳食中维生素 A 百分比的估计值也大于 80%，非洲来自蔬菜源的占 84%，东南亚占 90%，欧洲占 63%，美洲占 64%，全球占 72%（FAO - WHO，2001）。虽然没有详细的食物来源及其膳食摄入量说明，但广泛种植的蔬菜和水果（如菠菜、苋菜、南瓜、西葫芦、胡萝卜、杧果、杏、木瓜、红棕榈）被认为是维生素 A 前体类胡萝卜素的主要来源。类胡萝卜素含量高的蔬菜作物（如笋瓜和胡萝卜）在发展中国家的种植面积少于美国。类胡萝卜素含量高的园艺植物（如杧果、木瓜以及橙肉甘薯）在发展中国家的市场上更为丰富。因此，可以推测这些喜温性作物是发展中国家提供的膳食类胡萝卜素的主要来源。综上所述，园艺植物是全世界膳食中类胡萝卜素的主要来源。

园艺植物在提供膳食类胡萝卜素方面的重要作用，以及类胡萝卜素在维持人体内维生素 A 水平及在其他健康方面发挥的关键作用，使得维持和提高园艺植物对人类健康的影响力具有重要意义。在维持和增加园艺植物向消费者提供的膳食类胡萝卜素方面，出现了几个不同但相关的问题，即如何维持和扩大作物生产、提高采后冷藏能力以及通过植物育种方法提高作物的类胡萝卜素含量等。只要提供最佳的生产条件，在一定生产区域内园艺植物产量的跨年变化对类胡萝卜素的含量或组成影响相对较小（Simon and Wolff，1987；Simon，1922）。在世界不同地区的园艺植物营养成分表中发现，许多园艺植物中的类胡萝卜素含量存在很大差异（Simon，1990）。例如，对喀麦隆的 21 种非洲本土绿叶蔬菜中的类胡萝卜素特征的评估显示，不同蔬菜中的维生素 A 前体合成物质的含量差异较大，每 100 g 干重含 1～40 mg β-胡萝卜素，数值的不同是由于加工方法不同所致（Djuikwo et al.，2011）。气候变化可能是导致类胡萝卜素含量变化的原因之一，但不同地域种植的特定作物的主要品种差异也是主要影响因素之一。

园艺植物的配套冷链是延长园艺植物商品期的重要保证。但如果冷藏会导致类胡萝卜素含量降低，其组成成分也会发生变化。发达国家的冷链较成熟，而由于类胡萝卜素摄入不足而带来重大健康风险的地区，冷链往往很少且不可靠。发展中国家的园艺植物生产及采后储存面临人力资源不足（如缺少训练有素的园艺师）以及基础设施不发达的问题。

提高园艺植物的市场盈利能力可以刺激当地的专业生产和采后设施的发展。例如，印度尼西亚受利润驱动的杧果产业的发展使得当地消费量增加，且有效地降低了当地儿童维生素 A 缺乏症的发生率（Tarwotjo et al.，1982）。但如果扩大园艺植物生产的重点是扩大出口销售，当地消费可能就不会增加。

4.1.1 富含类胡萝卜素的园艺植物遗传改良

园艺植物的遗传改良可以通过多种方式来提高其膳食类胡萝卜素的含量。通过遗传改良来提高种植者的生产力和盈利能力，如提高园艺植物的抗病性或延长保质期，可以为当地市场提供更多富含类胡萝卜素的商品。在某些情况下，甚至不需要对作物进行遗传改良，而是将特定作物的可用栽培品种引种到其他地区，可以挖掘出市场上原本存在的未经过引种试验但产量高、货架期长或类胡萝卜素含量高的优质品种。世界蔬菜中心（World Vegetable Center）已为多种蔬菜作物建立了广泛的创新性田间试验。国际热带农业中心（CIAT）和国际马铃薯中心（CIP）

已经对豆类、甘薯和白薯进行了试验。许多园艺植物的产量、品质和市场价值可以通过扩大现有作物品种的田间试验来提高，以鉴定高膳食类胡萝卜素的来源。

对于已建立植物育种计划的园艺植物，提高其类胡萝卜素含量或改变其类胡萝卜素的种类是育种目标之一。对表 4.1 中列出的 5 种类胡萝卜素的含量以及总的类胡萝卜素含量进行比较分析发现，参评的园艺植物中类胡萝卜素含量的遗传变异上限比美国市场上发现的类胡萝卜素的平均含量高好几倍（Simon et al.，2009）。这表明，园艺植物中类胡萝卜素含量的遗传改良空间很大。类胡萝卜素含量较高的遗传变异通常可以用肉眼辨别，对于胡萝卜、辣椒、番茄、甘薯、南瓜、甜瓜、杧果和杏等植物来说，在育种群体中对较深橙色、红色或黄色的视觉评估和选择是成功的。因此，提高类胡萝卜素含量的育种目标相对简单。虽然园艺植物是维生素 A 的重要来源，但育种仍可以将其维生素 A 前体合成物质含量增加 1.5～10 倍（Simon et al.，2009）。

表 4.1　美国饮食中类胡萝卜素的来源（Claudia Stange，2006）

单位:%

β-胡萝卜素	α-胡萝卜素	番茄红素	β-隐黄质	叶黄素 ＋ 玉米黄质
胡萝卜 29.5	胡萝卜 66.8	番茄 72.1	橙子 60.6	菠菜 24.7
菠菜 8.2	番茄 4.9	1＜其他＜27.9	胡萝卜 5.7	甜玉米 5.3
甘薯 7.7	1＜其他＜28.3		西瓜 3.3	橙子 5.1
番茄 6.8			甜玉米 2.9	散叶甘蓝 4.8
生菜 5.1			柿子 2.2	生菜 4.5
甜瓜 4.8			1＜其他＜25.3	鸡蛋 4.2
散叶甘蓝 2.2				西蓝花 3.6
西蓝花 1.6				菊苣 3.2
人造黄油 1.5				西葫芦 2.3

（续）

β-胡萝卜素	α-胡萝卜素	番茄红素	β-隐黄质	叶黄素 + 玉米黄质
西瓜 1.0				羽衣甘蓝 2.3
1＜其他＜31.6				豆类 2.1
				豌豆 1.6
				番茄 1.5
				白玉米 1.2
				1＜其他＜33.6

注：按总膳食摄入量的相对贡献排列，根据美国健康和营养调查（NHANES）2003—2004，所有年龄组别测定 2 年及更长时间。

　　值得注意的是，在含有类胡萝卜素的园艺植物（如胡萝卜、番茄或杧果）中培育类胡萝卜素含量较高的品种，可能会培育出营养丰富的品种，但消费者并不清楚这些品种与营养较低的品种之间的差异。在消费者通常不知道含有类胡萝卜素的作物（如花椰菜或黄瓜）中培育类胡萝卜素含量更高的品种，通常需要对消费者进行一定程度的科普，帮助他们认清这些植物不寻常的颜色是安全和健康的。消费者的接受度直接影响园艺植物的发展，如有些无色或类胡萝卜素含量低的作物（如白色和橙色甘薯）在世界某些地区较为常见，也很受欢迎。培育与消费者期望差异较大的含有类胡萝卜素的作物也会导致接受度降低。在另一些情况下，培育与消费者预期不同的含类胡萝卜素的植物也会导致接受度降低，如富含 β-胡萝卜素的橙色番茄和富含番茄红素的红色胡萝卜。当然，类似的消费者接受问题也可能出现在富含类胡萝卜素的主食作物上，如橙色生物强化玉米和"黄金大米"。

　　在消费者接受度方面，即使消费者愿意接受一种陌生颜色的类胡萝卜素含量较高的园艺植物，他们也很少仅仅根据营养价值来购买和消费产品。购买和消费园艺植物更多地取决于其价格、大小、形状，尤其是风味。虽然通过育种方式提高类胡萝卜素含量和组成是一个有意义且可以实现的目标，但种植者却很少青睐任何由于增加营养价值而产生的附加价值。如果消费者认识到营养改良的重要性，种植者和消费者在作决定时所考虑的所有其他因素都必须使产品与当地市场上的典型品种一样好或更好。

4.1.2　园艺植物维生素A前体合成类胡萝卜素的生物强化研究

园艺植物中维生素A前体合成类胡萝卜素色素积累的研究过程很复杂。类胡萝卜素在各种植物组织中积累的机制一直难以确定，主要原因是植物在不同器官中积累类胡萝卜素且调控方法多样。目前，大部分研究都集中在植物类胡萝卜素生物合成途径对类胡萝卜素积累调控上。例如，玉米中的 $y1$ 基因（Buckner et al.，1996）和番茄中的 r 基因（Fray and Grierson et al.，1993）都是八氢番茄红素合成酶（PSY）基因的突变，这是类胡萝卜素生物合成途径的第一个决定因素。虽然在某些园艺植物中可能会发现类胡萝卜素代谢通路内类胡萝卜素积累的调控作用，但是研究结果表明，这种调控并不是导致类胡萝卜素积累的根本原因。

类胡萝卜素在有色质体中积累，有色质体是从由前质体分化而来的储存型细胞器。在花瓣、番茄果实和胡萝卜储藏根中发现，有色质体是类胡萝卜素在植物细胞内积累的库。如果类胡萝卜素在质体发育的水平被调控，则该库会发育并积累维生素A前体合成类胡萝卜素。在花椰菜中已经证明了与有色质体相关的类胡萝卜素积累调控，其中 Or 基因编码1个富含半胱氨酸结构域的蛋白。该蛋白导致 β-胡萝卜素在白色花球组织中积累，同时也在髓部、叶基部和枝条分生组织中积累。这种突变不会影响叶片或花椰菜花瓣中类胡萝卜素的积累。Or 基因以及与类胡萝卜素生物合成途径无关的类胡萝卜素积累调控的发现，是其他园艺植物生物强化研究的有利资源（Li et al.，2001；Lu et al.，2006；Li and Van Eck，2007）。

从类胡萝卜素生物合成的调控和积累研究中汲取的经验为增加多种植物中维生素 A 前体合成类胡萝卜素的含量奠定了基础。*Or* 基因是该系统中较为复杂的一个例子，主要原因是不同园艺植物中类胡萝卜素积累的调控机制可能存在于类胡萝卜素生物合成途径之外。确定其他园艺植物，如胡萝卜类胡萝卜素色素积累的关键调控步骤是比较困难的，但这些对类胡萝卜素形成的生物学新见解对于深入研究非模式植物物种和培育高含量胡萝卜素品种至关重要。

4.1.3　园艺植物中酮基类胡萝卜素的生物强化

酮基类胡萝卜素也叫叶黄素，是一种很强的抗氧化剂，主要存在于鲑、鳟、虾和其他甲壳类动物以及火烈鸟等鸟类的羽毛中。虽然动物不能内源性地产生酮基类胡萝卜素，但在动物饲料中添加这些抗氧化剂会在这些物种中产生粉红色的色素。高等植物中酮基类胡萝卜素较为少见，但在侧金盏花属植物的花瓣中发现含有酮基类胡萝卜素（Cunningham and Gantt et al.，2005）。由于这种类胡萝卜素在园艺植物中很少见，开发富含这种类胡萝卜素的食物源很有意义。虾青素虽然不是维生素 A 前体合成物质，却是一种重要的抗氧化剂，可用作食品补充剂。对类胡萝卜素生物合成途径调控的研究有助于利用生物强化方式来增加植物中这种重要类胡萝卜素的含量。

正如在马铃薯和胡萝卜中所证明的那样，通过转基因手段对特定蔬菜作物进行酮基类胡萝卜素的生物强化已获得成功。在马铃薯块茎中，低类胡萝卜素的马铃薯栽培品种 Desiree 和高类胡萝卜素的黄色果肉栽培品种 Mayan Gold 都用来自藻类的 β-胡萝卜素酮酶基因进行了转化。转基因 *S. phureja* 品系中酮基类胡萝卜素虾青素和酮基叶黄素的量为 14 μg/g 干重，该基因向这两个品种的成功转化显著增加了酮基类胡萝卜素积累的总量（Morris et al.，2006）。在胡萝卜中，将 β-胡萝卜素酮醇酶基因成功转化成以叶柄为外植体的高胡萝卜素自交系，该转化材料可能是酮基类胡萝卜素商业化生产的候选者。在转基因胡萝卜品系中，酮基类胡萝卜素约占植物中类胡萝卜素总量的 70%，累积量高达 2 400 μg/g 根干重 (Jayaraj et al.，2008)。这些转基因园艺植物的开发对于增加人类饮食中酮基类胡萝卜素的含量非常重要，为有益健康的食用类胡萝卜素开发提供了新来源。

4.1.4 改善园艺植物中维生素 A 前体合成类胡萝卜素的国际生物强化计划

在前面讨论的许多园艺植物中，维生素 A 前体合成类胡萝卜素的含量很高，这些食物来源使得维生素 A 缺乏症在发达国家的流行率很低。对类胡萝卜素含量较高的园艺植物进行生产、采后生理学和类胡萝卜素含量提升等方面的研究已经取得了显著进展。对于发展中国家来说，重要的园艺植物仍需作出重大努力来提高维生素 A 前体合成类胡萝卜素的含量或作物产量，以降低维生素 A 缺乏的发病可能性 (Tanumihardjo et al.，2010)。许多农业科学家和营养学家参与的国际合作项目更关注提高各种园艺植物中维生素 A 前体合成类胡萝卜素的含量上。

木薯是许多热带和亚热带地区的主要园艺植物，是热带地区第三大粮食作物。但木薯根缺乏许多必需的营养元素，包括维生素 A 前体合成类胡萝卜素 (Montagnac et al.，2009)。木薯中维生素 A 前体合成类胡萝卜素含量的增强一直是许多研究项目的重点。BioCassava Plus (2001) 是一个国际研究项目，旨在解决撒哈拉以南的非洲地区木薯根的改良问题。BioCassava Plus 与肯尼亚和尼日利亚的研究人员合作，专注于提供生物强化过的木薯品种，以满足整个非洲人民的需求。该研究联盟所改进的例子包括创造蛋白质和铁含量显著增加的品种。伴随着这些重要营养成分水平的提高，BioCassava Plus 研究小组也成功地将木薯根中 β-胡萝卜素的含量提高了 30 倍，且根据营养学的研究，这种 β-胡萝卜素具有生物可利用性 (Howe et al.，2009)。

HarvestPlus 是另一个有影响力的国际研究小组，致力于提高全世界园艺植物中维生素 A 前体合成类胡萝卜素的含量。作为国际农业研究磋商组织（CGIAR）的一项倡议，HarvestPlus 通过比尔及梅琳达·盖茨基金会获得了第一笔生物强化资金。该项目的重点是提高多种作物中铁、锌和维生素 A 前体合成物质的含量。这 3 种营养素被世界卫生组织确定为人类饮食中最影响健康的营养素。该国际组织还与国际热带农业中心（CIAT）和国际粮食政策研究所（IFPRI）合作。

与 BioCassava Plus 一样，HarvestPlus 专注于培育和开发维生素 A 前体合成类胡萝卜素含量更高的木薯品种。HarvestPlus 将提高类胡萝卜素含量的初始育种目标设定为每个新鲜木薯根 15 $\mu g/g$，利用已经在木薯种质中发现的变异，并使用分子标记等现代育种技术来培育类胡萝卜素含量高的木薯品种。Harvest-Plus 开发的木薯品种主要针对刚果（金）和尼日利亚，但非洲其他十几个国家可能也会接受这些生物强化维生素 A 的木薯品种（Cassava，2011）。

HarvestPlus 还专注于提高整个非洲地区橙肉甘薯的维生素 A 前体合成类胡萝卜素含量。HarvestPlus 与国际食品政策研究所和国际马铃薯中心合作，最初专注于在乌干达和莫桑比克推广改良品种。开发甘薯品种的初始育种目标定为每克生甘薯含 32 μg 维生素 A。现有的国际甘薯种质已被证明足以实现这一目标。类胡萝卜素含量提高的品种于 2007 年推广，十几个国家已接受了这些改良品种（Sweet potato，2011）。

园艺植物是全球膳食类胡萝卜素最丰富的来源，而在发展中国家以维生素 A 前体合成类胡萝卜素形式存在的维生素原 A 是最丰富的来源。粮食作物中正在开发维生素 A 前体合成类胡萝卜素的新来源，但园艺植物在维生素 A 维持人类健康方面可能会继续发挥突出作用。改善园艺植物中类胡萝卜素含量和成分的前景很好，但不能指望提高营养价值会给种植者带来附加值。如果想实现对消费者的营养改善，就必须将营养品质的改良与作物产量、收获后的可储存性和食品风味的改良相结合。为了实现这一目标，必须向生产者提供更多的园艺植物生产和营销专业知识，因为在发展中国家种植园艺植物并将其成功推向市场并不简单。国际农业研究中心和其他项目正在解决与园艺植物育种、生产、储存、营销和消费者教育相关的一些问题，但它们目前的资源还不足以为维生素 A 缺乏地区提供维生素 A 前体合成类胡萝卜素的作物。

4.2 新鲜果实中类胡萝卜素的种类和成分

早期对果实中类胡萝卜素的研究主要集中于常见果实中类胡萝卜素成分的化学特征及其在成熟过程中的变化（Goodwin，1980；Gross，1987）。在过去的 20 年中，类胡萝卜素研究中的分析技术和试验程序经历了显著的发展（Amorim‐Carrilho et al.，2014），从而增加了人们对果实中类胡萝卜素成分以及遗传因素或环境条件对其含量影响的认知。此外，由于类胡萝卜素在促进人体健康和提供营养以及作为营养食品等方面的功效，人们对果实中类胡萝卜素的研究兴趣迅速扩大（Berman et al.，2014）。

与其他植物器官一样，果实中的类胡萝卜素含量直接受发育阶段和环境条件影响。在绿色阶段，叶绿体组织中的类胡萝卜素成分以叶黄素为代表，其次是 β‐胡萝卜素、紫黄质和新黄质，以及其他少量的类胡萝卜素，如玉米黄质和花药黄质（Gross，1987；Bramley，2013）。当类胡萝卜素被叶绿素掩盖时，不同种类和颜色的果实中类胡萝卜素的特征相似。随着果实的成熟，不同物种之间的类胡萝卜素含量和成分存在显著差异。果实中类胡萝卜素的一个特征是在果皮和果肉组织中差异积累，果皮中的类胡萝卜素含量高于果肉中的类胡萝卜素含量。例如，富含类胡萝卜素的柑橘类果实在果皮中积累的类胡萝卜素是果肉中的 5～10 倍（Alquézar et al.，2008a）；在红肉和白肉枇杷品种中，果皮中类胡萝卜素的含量分别是果肉中的 5～70 倍（Fu et al.，2012，2014）；类似的情况也发生在颜色对比鲜明的南瓜品种中（Obrero et al.，2013）。这一特征也存在于类胡萝卜素含量较低的水果中，如苹果品种 Granny Smith 和 Gala，它们在果皮中的类胡萝卜素含量是果肉中的 3～5 倍（Ampomah‐Dwamena et al.，2012）。此外，类胡萝卜素的定性组成在果实组织之间也是可变的，这表明类胡萝卜素生物合成在果皮和果肉中积累的调控机制不同，需要分别研究类胡萝卜素在果实组织中的调控机制。表 4.2 总结了世界上常见果实中存在的总类胡萝卜素含量及主要类胡萝卜素类型，说明不同果实种类、同一种类的不同品种甚至同一果实的不同组织中类胡萝卜素含量和成分的高度可变性。

4.2.1 分类系统

在考虑总类胡萝卜素含量时，根据 Britton 和 Khachik（2009）提出的标准，果实可以分为 4 个不同类别：

——低（在 0～1 $\mu g/g$ 鲜重）；

——中等（在 1～5 $\mu g/g$ 鲜重）；

——高（在 5～20 $\mu g/g$ 鲜重）；

——极高（高于 20 $\mu g/g$ 鲜重）。

然而，类胡萝卜素组成的变异性很大，总类胡萝卜素的浓度并不是对果实进行分类的唯一标准。Goodwin（1980）建立了一个分类，后来由 Gross（1987）和 Bramley（2013）修订，根据成熟阶段的类胡萝卜素成分，将果实分为 8 类：

——第 I 类包括含有少量类胡萝卜素的果实；

——第 II 类包括具有叶绿素型类胡萝卜素模式的果实，主要色素类型为叶黄素、β‐胡萝卜素、紫黄质和新黄质；

——第 III 类果实含有大量番茄红素并含有部分饱和的无环多烯，如八氢番茄红素、六氢番茄红素或 ζ‐胡萝卜素；

——第 IV 类果实含有大量的 β‐胡萝卜素及其羟基衍生物，如 β‐隐黄质和玉米黄质；

表 4.2 常见果实中总类胡萝卜素含量和主要类胡萝卜素

果实种类	部位	总类胡萝卜素含量 (mg/g)	主要色素	相关文献
苹果 (Malus domestica)	皮	10~25 f. w.	叶黄素、紫黄质、黄体黄质、新黄质	Gross, 1987; Ampomah-Dwamena et al., 2012; Delgado-Pelayo et al., 2014
		17~151 d. w.		
	肉	2~29 f. w.	叶黄素、紫黄质、新黄质	
		5~30 d. w.		
鳄梨 (Persea americana)		12 f. w.	叶黄素、新黄质、β-胡萝卜素	Gross, 1987
杏 (橙色) (Prunus armeniaca)		5~40 f. w.	β-胡萝卜素、八氢番茄红素、六氢番茄红素	Gross, 1987; Marty et al., 2005; Dragovic-Uzelac et al., 2007
香蕉 (Musa paradisiaca)	皮	6 f. w.	叶黄素、α-胡萝卜素、β-胡萝卜素	Gross, 1987
	肉	1~30 f. w.	β-胡萝卜素、α-胡萝卜素、叶黄素	Gross, 1987; Harding et al., 2012
樱桃 (Prunus avium)		<4 f. w.	叶黄素、β-胡萝卜素	Gross, 1987; McCune et al., 2011
葡萄 (Vitis vinifera)		1~3 f. w.	叶黄素、β-胡萝卜素、紫黄质	Mendes-Pinto et al., 2005; Young et al., 2012

（续）

果实种类	部位	总类胡萝卜素含量（mg/g）	主要色素	相关文献
葡萄柚（红和粉）(Citrus paradisi)	皮	7.5~62 f. w.	八氢番茄红素、六氢番茄红素、番茄红素、紫黄质	Alquézar et al., 2008a; Rodrigo et al., 2013a
	肉	1~53 f. w.	八氢番茄红素、番茄红素、β-胡萝卜素	Xu et al., 2006; Alquézar et al., 2008a
葡萄柚（白）(Citrus paradisi)	皮	0.9~3.8 f. w.	八氢番茄红素、六氢番茄红素、紫黄质	Xu et al., 2006; Alquézar et al., 2008a
	肉	>2 f. w.	八氢番茄红素、紫黄质、玉米黄素	Xu et al., 2006; Fanciullino et al., 2006; Alquézar et al., 2013
番石榴（粉）(Psidium guajava)		56~62 f. w.	番茄红素、β-胡萝卜素	Gross, 1987; Mercadante et al., 1998
猕猴桃 (Actinidia chinensis)		1~19 f. w.	β-胡萝卜素、叶黄素、紫黄质	Ampomah-Dwamena et al., 2009
柠檬 (Citrus limon)	皮	77 f. w.	八氢番茄红素	Kato et al., 2004

（续）

果实种类	部位	总类胡萝卜素含量 (mg/g)	主要色素	相关文献
枇杷 (Eriobotrya japonica)	皮	13~120 f. w.	β-胡萝卜素、β-隐黄质	Gross, 1987; Fu et al., 2012, 2014
	肉	0.2~22 f. w.	β-胡萝卜素、β-隐黄质	Gross, 1987; Fu et al., 2012, 2014
柑橘 (Citrus reticulata, Citrus clementina, Citrus unshiu)	皮	50~300 f. w.	β-隐黄质、9-顺式紫黄质、八氢番茄红素、C_{30}-类胡萝卜素、9-顺式花药黄质、玉米黄质	Kato, 2012; Rodrigo et al., 2013a
	肉	20~34 f. w.	β-隐黄质、紫黄质	Fanciullino et al., 2006; Kato, 2012; Alquézar et al., 2008a
杧果 (Mangifera indica)		12~100 f. w.	紫黄质、β-胡萝卜素、黄体黄质、金黄质	Gross, 1987; Mercadante and Rodriguez-Amaya, 1998
	肉	20~34 f. w.	β-隐黄质、紫黄质	Fanciullino et al., 2006; Kato, 2012; Alquézar et al., 2008a
甜瓜（橙肉） (Cucumis melo)	肉	12~50 f. w.	β-胡萝卜素、ζ-胡萝卜素	Ibdah et al., 2006; Fleshman et al., 2011
甜瓜（白和绿肉） (Cucumis melo)		0~10 f. w.	叶黄素、紫黄质、黄体黄质、β-胡萝卜素	Gross, 1987; Ibdah et al., 2006

（续）

果实种类	部位	总类胡萝卜素含量（mg/g）	主要色素	相关文献
油棕果（Elaeis guineensis）		718 d. w.	β-胡萝卜素、9-顺-β-胡萝卜素、α-胡萝卜素	Mortersen, 2005; Tranbarger et al., 2011
番木瓜（黄）（Elaeis guineensis）		8~33 f. w. 32 d. w.	β-隐黄质、β-胡萝卜素、ζ-胡萝卜素、ζ-胡萝卜素	Chandrika et al., 2003; Wall, 2006; Schweiggert et al., 2011a
番木瓜（红）（Elaeis guineensis）		60 f. w. 34 d. w.	番茄红素、β-隐黄质	Wall, 2006; Schweiggert et al., 2011a, 2011b
桃（白）（Prunus persica）		<2 f. w.	玉米黄质、叶黄素	Brandi et al., 2011
桃（黄）（Prunus persica）		5~11 f. w.	前黄质、玉米黄质、黄体黄质、变异黄质	Gross, 1987; Brandi et al., 2011
梨（绿）（Pyrus communis）	皮	<1 f. w.	叶黄素、β-胡萝卜素	Gross, 1987
辣椒（红）（Capsicum annuum）		100~850 f. w. 200~12 000 d. w.	辣椒黄素、紫黄质、玉米黄质、β-胡萝卜素、辣椒红素	Curl, 1962; Davies et al., 1970; Marin et al., 2004; Ha et al., 2007; Minguez-Mosquera and Hornero-Méndez, 1994; Guzman et al., 2010

（续）

果实种类	部位	总类胡萝卜素含量 (mg/g)	主要色素	相关文献
辣椒（黄）(Capsicum annuum)		10~22 f. w. 300 d. w.	**紫黄质、叶黄素**	Ha et al., 2007; Davies et al., 1970; Guzman et al., 2010
辣椒（绿）(Capsicum annuum)		227 d. w.	叶黄素、β-胡萝卜素、紫黄质	Gross, 1987; Ha et al., 2007
柿子 (Diospyros kaki)	皮	12~491 f. w.	**β-隐黄质、β-胡萝卜素、番茄红素**	Ebert and Gross, 1985; Veberic et al., 2010
	肉	0.5~15 f. w.	β-隐黄质、β-胡萝卜素、玉米黄质、番茄红素	Zhao et al., 2011; Zhou et al., 2011
菠萝 (Ananas comosus)		<1 f. w. 22 d. w.	紫黄质、新黄质、β-胡萝卜素	Gross, 1987; Sian and Ishak, 1991
李子 (Prunus domestica)		0.9~25 f. w.	**β-胡萝卜素、叶黄素、紫黄质**	Gross, 1987; Fanning et al., 2014
南瓜 (Cucurbita maxima)		50~75 f. w. 17~570 d. w.	紫黄质、叶黄素、β-胡萝卜素、玉米黄质	Kreck et al., 2006; Azevedo-Meleiro and Rodriguez-Amaya, 2007; Nakkanong et al., 2012

（续）

果实种类	部位	总类胡萝卜素含量 (mg/g)	主要色素	相关文献
草莓 (*Fragaria ananassa*)		<0.5 f.w.	叶黄素，β-胡萝卜素	García-Limones et al., 2008; Zhu et al., 2015
甜橙 (*Citrus sinensis*)	皮	40~120 f.w.	9-顺式紫堇黄嘌呤、C_{30}-类胡萝卜素、八氢番茄红素、9-顺式花药黄素、β-隐黄嘌呤	Rodrigo et al., 2013a
	肉	4~30 f.w.	**9-顺式紫黄质**、9-顺式花药黄质、β-隐黄质	Katoet et al., 2004; Alquézar et al., 2008a; Meléndez-Martínez et al., 2008
番茄 (*Solanum lycopersicum*)		50~135 f.w.	**番茄红素**，β-胡萝卜素，八氢番茄红素、六氢番茄红素	Fraseret et al., 1994; Abushita et al., 2000; Aherne et al., 2009; Guil-Guerrero and Rebolloso-Fuentes, 2009
西瓜（红）(*Solanum lycopersicum*)		35~112 f.w.	**番茄红素**，β-胡萝卜素，八氢番茄红素、六氢番茄红素	Perkins-Veazie et al., 2006; Grassi et al., 2013; Lv et al., 2015
西瓜（黄-橙）(*Solanum lycopersicum*)		3~60 f.w.	紫黄质，叶黄素，番茄红素、β-胡萝卜素、八氢番茄红素	Perkins-Veazie et al., 2006; Lv et al., 2015

注：1. 在某些情况下，类胡萝卜素含量皮和肉有差异的品种被分别表示出来。2. 当类胡萝卜素占优势时，用粗体字母表示。3. 表中的 f. w. 指鲜重，d. w. 指干重。未标明果实部位（皮/肉）的均指水果可食用部分的类胡萝卜素的含量。

——第Ⅴ类果实含有中等到大量环氧化合物，如紫黄质、花药黄质或黄体黄质；

——第Ⅵ类果实含有独特类胡萝卜素，如辣椒素；

——第Ⅶ类果实含有多顺式类胡萝卜素；

——第Ⅷ类果实含有脱辅基类胡萝卜素，如 β-柠乌素或 8-β-胡萝卜醛。

根据这一分类，香蕉果肉是第Ⅰ类中类胡萝卜素含量较少的一个典型例子，第Ⅱ类的代表是猕猴桃、葡萄或甜瓜，第Ⅲ类代表植物为番茄、西瓜或番石榴，第Ⅳ类和第Ⅴ类的代表是枇杷和杏，第Ⅵ类代表植物为红辣椒，第Ⅶ类代表植物为橙色番茄突变体或甜橙，第Ⅷ类代表为成熟柑橘果皮或红辣椒（表 4.2）。这些类胡萝卜素分类可以相互重叠或合并，并根据类胡萝卜素的组分和含量进行简化分类：Ⅰ型果实的类胡萝卜素含量中等至较高，且模式复杂，而Ⅱ型果实的类胡萝卜素含量仅限于一种或两种主要成分。另外，以复杂模式积累的含量较低至中度的类胡萝卜素的果实可归类为Ⅲ型，而组成相对简单的果实可归类为Ⅳ型。最后，具有低类胡萝卜素含量且组成简单的果实，如主要含有叶黄素、玉米黄质和 β-类胡萝卜素，可归类为Ⅴ型。

4.2.2 果实发育和成熟过程中类胡萝卜素的动态变化

水果中类胡萝卜素含量和成分存在显著多样性，主要与未成熟到完全成熟过程中不同类胡萝卜素进化模式相关。类胡萝卜素含量较低的代表性水果是草莓（*Fragaria ananassa*），其总含量低于 1 μg/g 鲜重（表 4.2），果实中类胡萝卜素在成熟过程中显著减少，主要由叶黄素、β-胡萝卜素、玉米黄质和 β-隐黄质组成（García-Limones et al.，2008；Zhu et al.，2015）。类胡萝卜素含量低的另一个例子是白葡萄柚（*Citrus paradisi*），在果实发育和成熟过程中，其果肉和果皮之间类胡萝卜素可能存在不同的趋势（图 4.1a、彩图 1）。未成熟果实的果皮由典型的叶绿体型类胡萝卜素组成，类胡萝卜素含量为中等至较高，而随着果实成熟，类胡萝卜素含量降低，在后期仅检测到微量的无色胡萝卜素和β,β-叶黄素。未成熟果实的果肉（汁囊）中含有极少量的类胡萝卜素，在成熟过程中几乎保持不变（Alquézar et al.，2013）。葡萄果实（*Vitis vinifera*）在成熟阶段也含有少量类胡萝卜素（1～4 μg/g 鲜重），在转色期后呈现出最大值（1～5 μg/g 鲜重），随后逐渐减少。β-胡萝卜素和叶黄素是整个果实的主要类胡萝卜素类型，紫黄质、玉米黄质和新黄质等含量较低（Crupi et al.，2010；Young et al.，2012）。

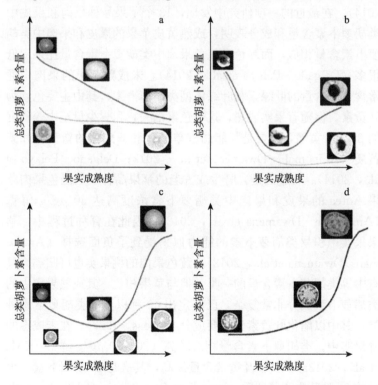

图 4.1　不同果实组织和品种成熟过程中总类胡萝卜素含量的变化
　　注：白葡萄柚果皮和果肉（a），橙色和白色果肉桃（b），甜橙果皮和果肉（c），番茄果皮（d）。

　　常见的果实中类胡萝卜素含量为微量至中等的水果有桃（*Prunus persica*）、杏（*Persea armeniaca*）、苹果（*Malus domestica*）、柿子（*Diospyrus kaki*）或枇杷（*Eriobotyra japonica*），其最低含量在 $1\sim5$ μg/g 鲜重，通常在完全成熟阶段达到 30 μg/g 鲜重。但每个物种的品种之间以及果皮和果肉之间仍可以观察到显著的差异。在苹果中，类胡萝卜素在果皮中的浓度为 $3\sim10$ μg/g 鲜重，果肉中的浓度为 $0\sim0.89$ μg/g 鲜重（表 4.2）（Ampomah - Dwamena et al.，2012；Delgado - Pelayo et al.，2014）。在最近的一项研究中发现，13 个苹果品种果肉和果皮中类胡萝卜素含量和成分表明，成熟黄质苹果的果皮和果肉中类胡萝卜素含量相似，而绿色和红色果肉中类胡萝卜素含量比果皮低很多（Delgado - Pelayo et al.，2014）。未成熟苹果的果肉中通常含中等含量的叶绿素和叶绿体型类胡萝卜素，其中主要色素为叶黄素。但随着果实成熟，这些色素消失，积累少量至中等程度的 β,β-叶黄素，主要是与脂肪酸单酯化和双酯化的新黄质和紫黄质（Ampomah - Dwamena et al.，2012；Delgado - Pelayo et al.，2014）。有趣的是，野生或古老的苹果品种，如橙色果肉苹果 Aotea 的果皮和果肉中类胡萝卜素浓度高达 30 μg/g 鲜重（Ampomah - Dwamena et al.，2012）。因此在育种过程中，苹果果实中积累类胡萝卜素的能力似乎受到了负面选择（Ampomah - Dwamena et al.，2012）。黄色果肉的桃果实也可归类为具有中等类胡萝卜素含量的一类，但与苹果相比，其成熟果实中的类胡萝卜素成分非常复杂，已鉴定出 45 种以上的类胡萝卜素种类，其中以酯化叶黄素为主要成分（Gross，1987）。在未成熟的桃果实中，类胡萝卜素含量相对较高（$20\sim30$ μg/g 鲜重）（Ma et al.，2013a），其中叶黄素含量最高，其次是 β-胡萝卜素、少量的 β-隐黄质和紫黄质（Brandi et al.，2011）（图 4.1b、彩图 1）。随着果实成熟，黄色果肉品种积累了不同比例的花药黄质、黄体黄质、玉米黄质、β-隐黄质、β-胡萝卜素、紫黄质、六氢番茄红素、叶黄素和新黄质及其他含量较少的类胡萝卜素，数值接近 10～15 $\mu g/g$ 鲜重，而白色品种中这些类胡萝卜素几乎降至 0（<1 $\mu g/g$ 鲜重）（Gross，1987；Brandi et al.，2011；Ma et al.，2013a）（图 4.1、彩图 1）。杏也可以归类为含有微量或中等类胡萝卜素含量的类型，但与桃相比，其类胡萝卜素的成分较简单。橙肉杏品种中主要含有 β-胡萝卜素（高达 20 $\mu g/g$ 鲜重），少量无色胡萝卜素和叶黄素（Marty et al.，2005；Dragovic-Uzelac et al.，2007），而白色品种则积累无色胡萝卜素八氢番茄红素和六氢番茄红素（Marty et al.，2005）。杏果肉中观察到的总类胡萝卜素含量的进化与桃相似。枇杷果实果肉中的类胡萝卜素含量较低至中等，橙色品种类胡萝卜素含量为 5～20 $\mu g/g$ 鲜重，称为红色果肉，而白色品种中的类胡萝卜素含量低于 1 $\mu g/g$ 鲜重（Fu et al.，2012、2014）。枇杷果皮中的类胡萝卜素含量明显高于果肉，在红-橙品种中含量高达 20 倍，果皮中含量是果肉含量的 100 倍。成熟枇杷中的主要类胡萝卜素为 β-隐黄素、β-胡萝卜素和叶黄素，但也检测到八氢番茄红素和其他 β,β-叶黄素（Fu et al.，2012、2014）。

类胡萝卜素含量中等到较高的果实包括甜橙（*Citrus sinensis*）果肉、柑橘（*Citrus reticulata*，*C. clementina*，*C. unshiu*）及它们的杂交种、红葡萄柚的果皮和果肉及橙色果肉的甜瓜（*Cucumis melo*）。在成熟的橙色果肉甜瓜品种中，类胡萝卜素含量的范围为 12～50 $\mu g/g$ 鲜重，其组分主要由 β-胡萝卜素组成，占总量的 80%～95%（Ibdah et al.，2006；Fleshman et al.，2011）。相比之下，甜橙和柑橘的果肉表现出果实中所描述的最复杂的类胡萝卜素模式之一，其含量为 4～34 $\mu g/g$ 鲜重。甜橙和柑橘未成熟的果肉中类胡萝卜素的含量可忽略不计，在类胡萝卜素含量大量增加前，类胡萝卜素生物合成大量出现，导致 β,β-叶黄素大量积累，其中 β-隐黄质是柑橘中的主要类型，紫黄质（主要是 9-顺式异构体）是甜橙中的主要类型（图 4.1）

(Kato，2012)。与其他生产胡萝卜素的果实或组织一样，叶黄素主要被肉豆蔻酸和棕榈酸单酯化或二酯化（Dhuique‐Mayer et al.，2007；Giuffrida et al.，2010）。在大多数红葡萄柚品种中，果皮和果肉中的总类胡萝卜素含量相似，介于 $10\sim20\ \mu g/g$ 鲜重，其中番茄红素、无色的八氢番茄红素和六氢番茄红素是最主要的类胡萝卜素，β‐胡萝卜素和 β,β‐叶黄素含量很少。在一些红葡萄柚的果皮和果肉中类胡萝卜素含量相等，这在水果中，尤其在柑橘属植物中非常罕见（Alquézar et al.，2013）。

最后一类对应的是富含类胡萝卜素或类胡萝卜素含量高的果实。这一类根据类胡萝卜素模式的复杂性可分为两组。第一组由含有 2 种或 3 种类胡萝卜素组成的简单模式的果实组成，如番茄（*Solanum lycopersicum*）、柠檬（*Citrus limon*）、西瓜（*Citrullus lanatus*）和南瓜（*Cucurbita maxima*），而第二组则包括含有复杂类胡萝卜素组分的果实，如有色柑橘类果实（橙子、柑橘及其杂交种）或红辣椒（*Capsicum annuum*）的果皮。番茄被认为是研究胡萝卜素形成的模式植物，商业品种中类胡萝卜素总浓度在 $50\sim135\ \mu g/g$ 鲜重（表 4.2），但常见果实中总类胡萝卜素含量的值不包括无色的类胡萝卜素（Fraser et al.，1994；Meléndez‐Martínez et al.，2015；Aherne et al.，2009）。成熟番茄果实中类胡萝卜素的成分相对简单，番茄红素占总类胡萝卜素含量的 90%，八氢番茄红素和六氢番茄红素含量中等，β‐胡萝卜素含量很低（Fraser et al.，1994；Fantini et al.，2013）。在未成熟阶段，类胡萝卜素含量较低，以叶绿体类型存在，随后番茄红素积累，无色类胡萝卜素含量增加，叶黄素和 β‐胡萝卜素含量减少（Fraser et al.，1994、1999）（图 4.1）。与番茄类似，红番木瓜（*Carica papaya*）和西瓜果实中总类胡萝卜素含量可高达 $100\ \mu g/g$ 鲜重，并且组分也相对简单，主要是番茄红素，其在番木瓜中约占 50%，在西瓜中占 90% 以上（Tadmor et al.，2005；Kang et al.，2010；Schweiggert et al.，2011a、

2011b）。除了番茄红素外，红番木瓜中还含有 β-隐黄质（30%）和 β-胡萝卜素（4%），而西瓜中还含有八氢番茄红素、六氢番茄红素和 β-胡萝卜素（总量高达 30%）。一般来说，黄色和橙色品种的番木瓜和西瓜不仅类胡萝卜素的组分发生了变化，而且总类胡萝卜素的含量减少。黄色番木瓜中类胡萝卜素的模式与红色番木瓜相似，只是缺少番茄红素，而番茄红素被 β-隐黄质（60%）和 β-胡萝卜素（7%）所取代（Schweiggert et al.，2011a、2011b）。白黄色和橙色西瓜品种在类胡萝卜素组成方面存在较大差异，总含量在 3～60 μg/g 鲜重之间变化。在橙色果肉西瓜品种中，番茄红素（8.0 μg/g 鲜重）是最主要的色素，其次是八氢番茄红素（5.4 μg/g 鲜重）和 ζ-胡萝卜素（4.6 μg/g 鲜重），而在一些黄色基因型中，叶黄素和紫黄质是最主要的色素类型，但 β-胡萝卜素的含量很少（Tadmor et al.，2005；Perkins-Veazie and Collins，2006；Lv et al.，2015）。因此，西瓜和番木瓜视觉上的颜色变化主要是由于番茄红素积累的差异所致。

南瓜属植物，如西葫芦、南瓜和笋瓜（*C. peppo, C. moschata, C. maxima*）也被认为是富含类胡萝卜素的果实，且在果皮和果肉以及品种之间也存在显著差异。在南瓜中，类胡萝卜素由 β-胡萝卜素和 α-胡萝卜素组成，含有少量叶黄素、紫黄质和新黄质，总含量约为 25 μg/g 鲜重（Nakkanong et al.，2012；Zhang et al.，2014）。笋瓜果实积累的主要类胡萝卜素为紫黄质、叶黄素和 β-胡萝卜素，含量为 50～75 μg/g 鲜重（Kreck et al.，2006；Azevedo-Meleiro and Rodriguez-Amaya，2007；Nakkanong et al.，2012）。西葫芦是该属中果皮和果肉颜色最为丰富的物种之一（Obrero et al.，2013）。有趣的是，成熟的绿皮品种含有水平非常高的类胡萝卜素（650 μg/g 鲜重），主要由叶黄素和 β-胡萝卜素组成，而黄-橙色品种的外皮中类胡萝卜素含量为 80～100 μg/g 鲜重，主要是由于叶黄素的存在。相比之下，在黄橙色品种果肉中（22 μg/g 鲜重）发现的类胡萝卜素含量高于白色和绿色品种（Obrero et al.，2013）。

红辣椒被认为是日常食用植物中类胡萝卜素含量较高的果实，其含量几乎达到 900 μg/g 鲜重（表 4.2），它们具有复杂的类胡萝卜素组分（Hornero - Méndez et al.，2000）。红辣椒果实中主要的类胡萝卜素是酮基叶黄素和辣椒红素，占总含量的80%以上，是其着色的主要原因。酮基类胡萝卜素在中心链上含有 1 个酮基，在一端或两端含有 1 个环戊醇环（κ 环）。在酮基类胡萝卜素中，辣椒红素比辣椒玉红素含量高，但辣椒玉红素两端都有 κ 环。此外，辣椒中还含有辣椒红素环氧化合物。由于辣椒红素-辣椒玉红素合酶活性的存在，辣椒成熟期间大量积累酮基叶黄素（Bouvier et al.，1994；Hugueney et al.，1995）。在未成熟阶段，辣椒果实积累叶绿体型类胡萝卜素，但一旦开始成熟，这种类胡萝卜素就会被大量从头合成的 β,β-叶黄素（玉米黄质、花药黄质和紫黄质）及其相应的酮基叶黄素衍生物所取代（Hornero - Méndez et al.，2000）。有趣的是，最近有报道称热带水果红片油果和百香果中也存在酮基类胡萝卜素，这些果实的生物合成来源仍有待阐明（Murillo et al.，2013）。辣椒的果实颜色丰富多彩（Thorup et al.，2000）。在黄色品种中，总类胡萝卜素含量在成熟期间几乎保持不变（10～20 μg/g 鲜重），主要色素类型为叶黄素（41%～67%），α-胡萝卜素是从头合成的，β-胡萝卜素逐渐转化为 β-隐黄质和玉米黄质（Ha et al.，2007）。橙色辣椒品种中类胡萝卜素代谢与其他品种不同，一些橙色品种中不能合成酮基类胡萝卜素，仅积累橙色和黄色类胡萝卜素；而另一些则表现出与红色品种相似的类胡萝卜素组分，但含量显著降低（Lang et al.，2004；Guzman et al.，2010；Rodriguez - Uribe et al.，2012）。

另一种富含类胡萝卜素的果实组织是成熟的橙色柑橘果实的外皮（果皮的外部颜色部分），一些品种的浓度接近 300 μg/g 鲜重（Rodrigo et al.，2013a）。类胡萝卜素的多样性报道最多，目前已鉴定出 110 种不同的胡萝卜素和叶黄素（Gross，1987），包括不同的几何异构体以及能够使一些品种呈现深橙色的特定 C_{30} 脱辅基类胡萝卜素（Ma et al.，2013b；Rodrigo et al.，2013b）。在柑橘和橙子的外皮中，类胡萝卜素的含量和成分在果实发育和成熟过程中发生了显著变化（图 4.1）。未成熟绿色果实的外皮中含有高水平的叶绿体型类胡萝卜素（叶黄素、β-胡萝卜素和 α-胡萝卜素、玉米黄质和反式紫黄质），但随着果实的成熟，类胡萝卜素浓度降至最低。在这一阶段之后，外皮中类胡萝卜素的浓度显著增加，其中 9-顺式紫黄质在橙子中占主导地位（高达 80%）（Kato et al.，2004；Rodrigo et al.，2003、2004），β-隐黄质和 9-顺式紫黄质在柑橘中的比例相似（Kato et al.，2004）。此外，经常发现这些类胡萝卜素和其他 β,β-叶黄素的不同几何异构体（如花药黄质、玉米黄质、黄体黄质和叶黄素），正如果肉组织所述的那样，单羟基和多羟基叶黄素的重要部分被脂肪酸酯化。成熟橙子和柑橘果皮中类胡萝卜素的复杂模式还包括 β-胡萝卜素和大量无色胡萝卜素（八氢番茄红素和六氢番茄红素）。

4.3 胡萝卜中类胡萝卜素的种类和成分

野生型胡萝卜、Queen Anne 地方品种以及白胡萝卜仅含有微量的类胡萝卜素，但大多数栽培胡萝卜都含有类胡萝卜素。胡萝卜的主要颜色类型有黄色、橙色和红色，其中叶黄素、α-胡萝卜素和 β-胡萝卜素以及番茄红素分别是产生这些颜色的主要类胡萝卜素（Arscott and Tanumihardjo，2010）。除叶黄素外，黄色胡萝卜还含有少量玉米黄质以及 α-胡萝卜素和 β-胡萝卜素（Alasalvar et al.，2001；Arscott and Tanumihardjo，2010；Grassmann et al.，2007；Nicolle et al.，2004；Surles et al.，2004）（图 4.2a、彩图 2），而橙色胡萝卜除了含有 α-胡萝卜素

和 β-胡萝卜素外，还含有少量的八氢番茄红素、叶黄素、ζ-胡萝卜素和番茄红素（图 4.2b、彩图 2）(Alasalvar et al., 2001; Arscott and Tanumihardjo, 2010; Grassmann et al., 2007; Nicolle et al., 2004; Simon and Wolff, 1987; Surles et al., 2004)。红色胡萝卜除主要含有番茄红素外，通常还含有 α-胡萝卜素和 β-胡萝卜素以及叶黄素 (Arscott and Tanumihardjo, 2010; Grassmann et al., 2007)（图 4.2c、彩图 2）。橙色胡萝卜作为维生素 A 前体合成类胡萝卜素的膳食来源是比较独特的，因为 α-胡萝卜素可以占其总类胡萝卜素的比例很大，为 13%～40%，在类胡萝卜素含量较高的胡萝卜根中所占的百分比更高 (Santos and Simon, 2006; Simon and Wolff, 1987)。据估计，胡萝卜提供了美国饮食中 67% 的 α-胡萝卜素 (Simon et al., 2009)。橙色胡萝卜叶片比黄色胡萝卜叶片中 α-胡萝卜素和 β-胡萝卜素的含量更高 (Arango et al., 2014; Perrin et al., 2016; Wang et al., 2014)。在深橙色的胡萝卜栽培品种中，总类胡萝卜素含量可达到 500 μg/g 鲜重 (Simon et al., 1989)，这种积累类胡萝卜素的能力与胡萝卜肉质根有色质体中"类胡萝卜素体"的发育和晶体的形成有关 (Baranska et al., 2006; Ben - Shaul and Klein, 1965; Fuentes et al., 2012; Kim et al., 2010; Li et al., 2016; Maass et al., 2009; Sun et al., 2018)。

约 1 100 年前在中亚首次明确提到胡萝卜是块根作物以来，类胡萝卜素一直是胡萝卜的一个显著特征，当时人们认为胡萝卜肉质根的颜色是黄色或紫色 (Banga, 1957、1963; Simon, 2000)。有趣的是，从未有报道提过野生胡萝卜中含有微量的类胡萝卜素或花青素。这表明在 1 100 年前的记录之前胡萝卜已经过一段驯化过程，因为野生胡萝卜显然经过了颜色和其他驯化特性选择。除了在黄色胡萝卜中发现的叶黄素外，其他几种类胡萝卜素积累的变异也在胡萝卜的历史中发挥了重要作用，如橙色胡

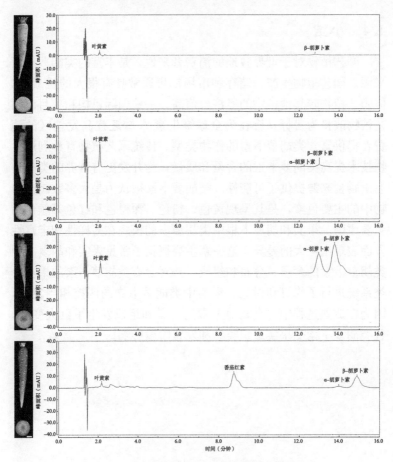

图 4.2　不同类型胡萝卜肉质根中主要色素组成

萝卜在 14 世纪首次出现在南欧（Stolarczyk and Janick，2011），红色胡萝卜在 18 世纪出现在亚洲（Rubatzky et al.，1999；Simon，2000）。胡萝卜出现后不久，橙色就一直是胡萝卜的主要颜色，1600 年以来欧洲已开发了数百种橙色胡萝卜品种。橙色胡萝卜是目前世界上主要的品种类型，但在亚洲很多地区红色胡萝卜也很普遍。

4.4　小结

　　园艺植物对于世界各地的消费者来说，是丰富的类胡萝卜素来源。园艺植物生产、储存和市场销售通常具有很大的挑战性，但园艺植物较其他植物的经济价值高。一些国际机构和项目以园艺植物改良为目标，旨在为全球维生素 A 缺乏症高发地区的消费者提供富含类胡萝卜素的作物类型。传统园艺植物育种利用生物技术提高类胡萝卜素的含量和质量，为开发更有营养的类胡萝卜素膳食来源提供了可能性。类胡萝卜素被认为是大多数园艺植物中的主要色素，是其呈现黄色、粉色、深橙色和红色等颜色的主要原因。果实和胡萝卜根中类胡萝卜的模式在多样性和丰富性方面表现出巨大的差异。这一章主要概括了常见果实和胡萝卜中类胡萝卜素的含量、分布和组成，并对含有类胡萝卜素的果实分类系统进行了修订和讨论。果实中类胡萝卜素的调控相当复杂，因为在成熟过程中，类胡萝卜素的含量和组成发生了巨大变化，且类胡萝卜素受果实组织类型和发育阶段影响。

园艺植物中类胡萝卜素的代谢和调控

类胡萝卜素存在于园艺植物光合组织和非光合组织中。在绿色光合组织中，类胡萝卜素在光合作用中发挥着重要的功能，用于光系统组装、光收集和光保护（Domonkos I et al.，2013）。在非光合组织中，类胡萝卜素能够提供明亮的颜色并产生气味和味道以吸引昆虫和动物进行授粉和种子传播。

类胡萝卜素还可以作为两种重要的植物激素脱落酸（ABA）和独脚金内酯的前体，这两个激素是植物发育和逆境反应的关键调节剂。由于类胡萝卜素在植物生长发育和人类营养与健康方面起着不可或缺的作用，因此，对植物类胡萝卜素代谢的理解已经取得了重大进展。虽然植物的绿叶组织中类胡萝卜素的含量和组成相对一致，但园艺植物的非绿叶组织中的类胡萝卜素水平和成分差异很大，即使在同一物种内也是如此。园艺植物调控类胡萝卜素代谢和积累存在多种调控机制。大多数园艺植物的类胡萝卜素研究主要集中在调控类胡萝卜素含量和组成的类胡萝卜素基因的转录水平上，近年来，与类胡萝卜素积累调控相关的研究越来越多。本章将对蔬菜、果树和花卉中类胡萝卜素的多种调控方式进行概述，以期加强人们对园艺植物中类胡萝卜素形成机理的理解。

5.1 类胡萝卜素代谢的一般途径

在所有类型的质体中都能合成类胡萝卜素，但在绿色组织的叶绿体及根、果实和花瓣的有色体中积累的水平较高（Li L and Yuan H，2013；Cazzonelli C I and Pogson B J，2010；Nisar et al.，2015；Ruiz - Sola MÁ and Rodriguez - Concepcion M，2012）。通过分类、抑制研究和突变分析，早已确定了类胡萝卜素生物合成途径的生化步骤。然而，编码类胡萝卜素合成酶的基因鉴定是近20年来的新进展。所有催化类胡萝卜素生物合成和降解核心反应的基因和酶都已在植物中鉴定出来（图5.1、彩图3），大量来自园艺植物的通路基因已被克隆和研究（Farré et al.，2010；Rodriguez - Concepcion M and Stange C，2013；Kato，2012；Ohmiya，2013；Liu et al.，2015）。

类胡萝卜素和其他质体合成的异戊二烯类，是由5-碳前体异戊烯基二磷酸和二甲基烯丙基二磷酸缩合而成，它们是通过质体中的2-C-甲基-D-赤藓醇-4-磷酸（MEP）途径产生的（Rodriguez - Concepcion，2010）。特定的类胡萝卜素生物合成途径始于2个牻牛儿基牻牛儿基焦磷酸通过八氢番茄红素合成酶（PSY）头对头缩合，产生第一个无色的类胡萝卜素15-顺式-八氢番茄红素。这一步被认为是限制类胡萝卜素生成的主要瓶颈。园艺植物通常含有2～3个组织特异性表达的 *PSY* 基因，如果实中的 *PSY1*、叶片中的 *PSY2*、番茄和柑橘根中的 *PSY3*（Peng et al.，2013；Fantini et al.，2013），还包括果实在内的所有组织中的 *PSY - A* 以及西瓜叶和根中的 *PSY - B*（Lv et al.，2015）。无色的八氢番茄红素通过八氢番茄红素脱氢酶（PDS）和ζ-胡萝卜素脱氢酶（ZDS）的一系列脱氢作用转化为顺式双键，并通过ζ-胡萝卜素异构酶（*Z - ISO*）和类胡萝卜素异构酶（CRTISO）的异构化作用将顺式构型转化为反式构型，从而产生红色的全反式番茄红素，成为红色番茄和西瓜果实中的主要色

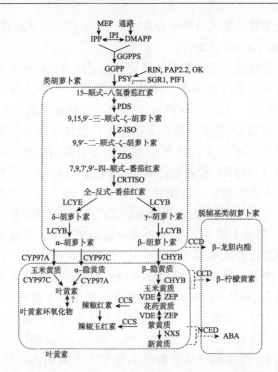

图 5.1 园艺植物中类胡萝卜素的一般代谢途径（Yuan，2015）

注：PSY 催化 GGPP 的第一个缩合步骤以产生第一个 C_{40} 类胡萝卜素——八氢番茄红素。经过几个去饱和和异构化步骤，产生番茄红素。接下来经过环化反应生成 α-胡萝卜素和 β-胡萝卜素分支。CCD 或 NCED 会降解多种类胡萝卜素以产生脱辅基类胡萝卜素。IPP，异戊烯基二磷酸；DMAPP，二甲基烯丙基二磷酸；GGPP，牻牛儿基牻牛儿基焦磷酸；IPI，异戊烯二磷酸异构酶；GGPPS，GGPP 合酶；PSY，八氢番茄红素合酶；PDS，八氢番茄红素去饱和酶；Z‐ISO，ζ‐胡萝卜素异构酶；ZDS，ζ‐胡萝卜素去饱和酶；CRTISO，类胡萝卜素异构酶；LCYE，番茄红素 ε‐环化酶；LCYB，番茄红素 β‐环化酶；CHYB，β‐胡萝卜素羟化酶；CYP97C，细胞色素 P450 型单加氧酶 97C；ZEP，玉米黄质环氧化酶；VDE，紫黄质脱环氧化酶；CCS，辣椒红素-辣椒玉红素合酶；NXS，新黄素合酶；CCD，类胡萝卜素裂解双加氧酶；NCED，9-顺式-环氧类胡萝卜素双加氧酶。代谢物根据其化合物的颜色加粗并着色，而黑色表示没有颜色。实线箭头表示生物合成，虚线箭头表示降解。蓝色为 PSY 调控因子。虚线矩形框区分不同组的类胡萝卜素。

素。在大多数柑橘属植物中存在 2 个 *PDS* 和至少 3 个 *ZDS* 基因（Fanciullino et al.，2007）。

随后番茄红素碳链末端的环化开始了该途径的分支点，并代表了类胡萝卜素代谢中产生类胡萝卜素多样性的关键步骤（图 5.1、彩图 3）。增加 β-环和 ε-环形成了类胡萝卜素的 β-分支和 ε-分支，包括 α-胡萝卜素和其衍生物；增加 2 个 β 环形成了类胡萝卜素的 β,β-分支，包含 β-胡萝卜素及其衍生物。番茄红素 ε-环化酶（LCYE）和番茄红素 β-环化酶（LCYB）介导碳流进入类胡萝卜素生物合成过程中 2 个不同的分支。红色的全反式番茄红素通过引入 ε-环或 β 环分别被 LCYE 或 LCYB 环化，形成橙色的 α-胡萝卜素或 β-胡萝卜素，这是胡萝卜、甘薯和橙色甜瓜果实中富含的主要维生素 A 前体合成类胡萝卜素。在番茄中发现了 2 个 *LCYB* 基因：*LCYB1*（*LCY-B*）在营养组织中含量丰富，而 *LCYB2*（*CYC-B*）在果实和花朵中含量较多（Ronen et al.，2000）。类似地，木瓜和柑橘中也存在 2 个拷贝的 *LCYB* 和 *LYCE*（Devitt et al.，2010；Mendes et al.，2011；Zhang et al.，2012）。仅含碳氢化合物的类胡萝卜素被归类为胡萝卜素，包括八氢番茄红素和所有类型的类胡萝卜素。

通过羟化酶和环氧化酶向环状胡萝卜素中增加氧原子后产生叶黄素（图 5.1、彩图 3）。有 2 种不同类型的羟化酶：一种是 CHYB（BCH）型，羟基化环状胡萝卜素的 β-环；另一种是细胞色素 P450 型。在后一种类型中，羟化酶 CYP97A 和 CYP97C 分别羟化 β- 和 ε-环。橙色 α-胡萝卜素接下来主要由 CYP97 型羟化酶催化产生黄色叶黄素，叶黄素在万寿菊、水仙花的黄色花朵以及深绿色叶菜中含量丰富。然而，在一些植物中叶黄素可以通过环氧化作用转化为叶黄素环氧化合物，尽管所涉及的酶尚不清楚（Förster et al.，2011）。β,β-分支中橙色的 β-胡萝卜素被 CHYB 羟化生成黄色的玉米黄质。玉米黄质被环氧化产生花药黄质，然后生成紫黄质。紫黄质可以由紫黄质脱环氧化酶转化回玉米黄质，形成普遍存在的紫黄质循环，这个循环是植物适应不同光照条件所必需的。在红辣椒和虎皮百合中，花药黄质和紫黄质通过辣椒红色素合酶（CCS）转化为辣椒红色素和辣椒玉红素，这两个色素是产生这些物种特征性红色和橙色的主要类胡萝卜素（Jeknié et al.，2012；Guzman et al.，2010）。CCS 与LCYB 序列同源性高，属于番茄红素环化酶家族（Jeknié et al.，2012）。在经典的类胡萝卜素生物合成途径中 β,β-分支的最后一步是通过另一种番茄红素环化酶家族蛋白新黄质合成酶将黄色的紫黄质转化为新黄质（Neuman et al.，2014）。在番茄中，LCYB2 也被发现具有 CCS 活性（Ronen et al.，2000）。

5.2 类胡萝卜素的降解和脱辅基类胡萝卜素的形成

类胡萝卜素通过氧化裂解过程降解，产生称为脱辅基类胡萝卜素的代谢物。氧化分解可以通过非特异性非酶促机制、非位点特异性酶促反应或位点特异性酶促裂解来进行（Sunet al.，2020a）。非特异性非酶促机制包括通过活性氧（ROS）进行光化学氧化（Havaux，2014）。非位点特异性酶促反应由脂氧合酶和过氧化物酶催化，它们分别在多不饱和脂肪酸和过氧化物的主要靶标旁边共同氧化类胡萝卜素。2 种非特异性降解途径都会通过随机剪切产生非特异性脱辅基类胡萝卜素。这些降解过程会影响谷物收获后储存期间 β-胡萝卜素的稳定性（Boon et al.，2010；Gayen et al.，2015；Schaub et al.，2017）。

靶向酶促氧化裂解由类胡萝卜素裂解双加氧酶（CCD）或类胡萝卜素裂解加氧酶家族（CCOs）执行（Auldridge et al.，2006；Walter and Strack，2011；Ahrazem et al.，2016）。在哺乳动物中，CCOs 能够催化含有胡萝卜素 β 环的中心裂解产生维生素 A。植物中没有裂解中央双键的 CCD，因此无法从 β-胡萝卜素生成维生素 A。在植物中，CCD 通常分为 2 个功能组：9-顺式环氧类胡萝卜素双加氧酶（NCED）和非 NCED CCD。这 2

组酶特异性地裂解烃链中的双键以产生各种脱辅基类胡萝卜素（图 5.1、彩图 3）。NCEDs 通过未知的机制将 9-顺式-紫黄质和 9-顺式-新黄质在类胡萝卜素的初始异构化后裂解成黄质，并且仅参与 ABA 的生物合成。在类胡萝卜素异构酶 DWARF27 的初始异构化后，CCD7 和 CCD8 依次剪切 9-顺式-β-胡萝卜素形成内酯，用于形成独脚金内酯（Al - Babili and Bouwmeester，2015；Jia et al.，2018）。CCD2 催化藏红花中藏红花素生物合成的玉米黄质裂解（Frusciante et al.，2014；Ahrazem et al.，2016）。2 个 CCD（CCD1 和 CCD4）的底物特异性较低，在不同的双键位置剪切大量的类胡萝卜素，产生一系列的脱辅基类胡萝卜素（Rodriguez - Concepcion et al.，2018；Sun et al.，2020a）。

　　CCD 存在于所有园艺植物中，通常根据它们与拟南芥 CCD 酶的序列相似性来命名。目前已发现了许多 CCD 亚家族的同源物，如番茄中的 CCD1a 和 CCD1b（Ilg et al.，2014），柑橘中的 CCD4a 和 CCD4b（Zheng et al.，2019）。虽然 NCED 以及 CCD7 和 CCD8 分解代谢特定的类胡萝卜素以产生植物激素，但 CCD1、CCD2 和 CCD4 的活性在类胡萝卜素的降解中起着重要作用，从而影响最终的类胡萝卜素含量，并产生了多种脱辅基类胡萝卜素产物，包括信号分子（Kachanovsky et al.，2012；Av-endano - Vazquez et al.，2014；Cazzonelli et al.，2020）。

　　通过类胡萝卜素转化产生的脱辅基类胡萝卜素对蔬菜、水果和花卉的品质至关重要。除了作为植物发育和应激反应的植物激素和信号分子的一般作用外（Finkelstein，2013；Tian，2015；Hou et al.，2016；Jia et al.，2018；Dickinson et al.，2019；Felemban et al.，2019），在许多园艺植物中，脱辅基类胡萝卜素还与香气、风味及色素有关。典型的气味和芳香分子有 β-紫罗兰酮，在许多花卉和水果中由 β-胡萝卜素特定的 CCD1 裂解产生（Simkin et al.，2004）。番红花粉是来自番红花花朵中的香料，它的味道、香气和红色是由于 CCD2 裂解玉米黄质，产生了藏红花酸和藏红花苷、藏红花苦苷和藏红花醛等脱辅基类胡萝卜素（Frusciante et al.，2014；Ahrazem et al.，2016；Demurtas et al.，2019）。β-柠乌素使柑橘皮呈现独特的红色，这是由 CCD4 裂解 β-隐黄质和玉米黄质引起的（Ma et al.，2013；Zheng et al.，2019）。

5.3 园艺植物中类胡萝卜素生物合成基因的转录调控

类胡萝卜素在有色体中的积累是生物合成、降解和稳定储存的最终结果（Li L and Yuan H，2013；Nisar et al.，2015）。因此，这 3 个过程的调节代表了园艺植物中类胡萝卜素积累的主要机制。非模式园艺植物类胡萝卜素调控的研究主要集中在类胡萝卜素通路基因的转录调控上。尽管对调控的各个方面和水平有了新的认识，但在大多数园艺植物中类胡萝卜素生物合成和积累的机制还不是很清楚。

园艺植物在非绿色器官中合成和积累不同含量的多种类胡萝卜素。许多蔬菜、水果和花卉中类胡萝卜素生物合成的第一级调控是通过生物合成基因的转录调控。转录调控是番茄和辣椒的经典模型系统中果实成熟期间响应发育信号产生类胡萝卜素的主要决定因素。在番茄果实中，果实颜色从绿色变为红色期间、番茄红素产量增加之前，番茄红素生物合成上游基因 *PSY*、*PDS*、*CRTISO* 和 *DXS* 的转录增强，以及下游基因 *LCYB*、*LCYE* 和 *CHYB* 的下调（Isaacson et al.，2002；Ronen et al.，1999；Fraser et al.，1994；Lois et al.，2000）。辣椒果实从绿色到红色成熟的过程中，辣椒红素的积累与 *CCS*、*PSY*、*PDS* 和 *BCH* 的转录上调有关（Hugueney et al.，1996）。突变研究为类胡萝卜素生物合成基因的转录调控在控制番茄和辣椒中类胡萝卜素生产中的关键作用提供了进一步的证据。番茄突变体 *Delta* 或 *Beta* 中 *LCYE* 或 *LCYB* 的转录增加，分别导致番茄红素转化为 δ-胡

萝卜素或 β-胡萝卜素 (Ronen et al., 2000; Ronen et al., 1999)。番茄突变体 (r) 和柑橘 (t) 中 PSY 和 CRTISO 的表达量降低导致 r 中类胡萝卜素的显著降低以及 t 中番茄红素前体番茄红素原的积累 (Fray R G and Grierson D, 1993; Isaacson et al., 2002)。黄色或橙色辣椒果实中 CCS 表达的丧失或减少是导致辣椒红素缺失或含量低的原因。

生物合成基因的转录调控在控制许多其他园艺植物类胡萝卜素合成方面也起着核心作用。在橙色甜瓜果实成熟期间，大量 β-胡萝卜素的产生伴随着几乎所有上游基因表达的急剧增加，包括 MEP 途径中的基因 (即 DXS、DXR、GGR、PSY1、ZDS、PDS 和 LCYB)，以及下游基因 CHYB 和 LCYE 的表达量降低，将代谢流从 α、β 分支引向 β-胡萝卜素合成。与其他柑橘品种相比，柠檬汁囊中的类胡萝卜素含量较低，这与成熟过程中各个阶段几乎所有类胡萝卜素形成基因的转录水平很低一致；同样地，柑橘和橙子中 β-隐黄质或紫黄质的积累与一些上游类胡萝卜素形成基因如 CitPSY、CitPDS 和 CitLCYb 的协同高表达和下游基因如 CitHYb 和 CitZEP 的低表达是一致的 (Kato, 2012; Peng et al., 2013; Wei et al., 2014; Kato et al., 2004)。在西瓜中，发现在白肉果实中观察到的少量类胡萝卜素与大多数生物合成基因的低转录有关；红色和粉色西瓜果实成熟过程中番茄红素的积累与 GGPS 和 PSY 的上调有关，黄色果肉果实中紫黄质和叶黄素的产生分别与 CHYB 和 ZEP 转录丰度呈正相关。一些类胡萝卜素生物合成基因的转录调控也被认为在介导其他蔬菜和水果中类胡萝卜素的产生和特定的类胡萝卜素积累中发挥作用。例如，用于紫黄质和叶黄素合成的 CHYB 和 ZEP 以及用于南瓜中类胡萝卜素合成的 LCYE (Nakkanong et al., 2012; Obrero et al., 2013)；PSY 和 PDS 用于苦瓜中 β-胡萝卜素的形成 (Tuan et al., 2011)；LCYB 用于猕猴桃中 β-胡萝卜素的生成 (Ampomah-Dwamena et al., 2009)。

在积累特定类胡萝卜素的非模式园艺植物突变体中，生物合成基因的转录调控在控制类胡萝卜素生产中的重要作用也很明显。木瓜 *LCYB2* 的突变显著降低了 *LCYB2* 的表达，导致番茄红素的积累及红肉木瓜和黄肉木瓜之间的差异（Devitt L C et al.，2010；Blas et al.，2010）。同样地，甜瓜和大白菜 *CRTISO* 的突变分别导致成熟果实和内部球叶中番茄红素原的积累（Galpaz et al.，2013；Zhang et al.，2015；Su et al.，2014）。对橙色胡萝卜的一项研究表明，胡萝卜素羟化酶 *CYP97A3* 基因的功能丧失是导致 α-胡萝卜素含量高的原因。

类胡萝卜素基因表达的比较表明，花瓣中类胡萝卜素的类型和含量与一些花中的生物合成基因表达密切相关。在牵牛花、百合和万寿菊的白花中，类胡萝卜素生物合成基因的表达量远低于其淡黄色和黄色花瓣品种（Yamagishi et al.，2010；Yamamizo et al.，2010）。*LCYB* 和 *LCYE* 的相对表达水平决定了叶黄素类作为主要类胡萝卜素在花瓣中的积累。在亚洲杂交百合（Yamagishi et al.，2010）和刘易斯含羞草（LaFountain et al.，2015）中，*LCYB* 高表达，β、β 分支产物优先；而在黄菊花中，*LCYE* 高表达，α、β 分支产物优先。*CHYB* 的转录也被认为是甘薯属植物白色或淡黄色花与黄色花之间（Yamamizo et al.，2010）以及不同番红花属植物柱头中类胡萝卜素差异的关键（Castillo et al.，2005）。*CHYB* 和 *ZEP* 的较低转录水平被认为是橙色兰花和桂花较高 β-胡萝卜素含量的部分原因（Chiou et al.，2010；Han et al.，2014）。

基因启动子是基因表达转录调控的关键元件。类胡萝卜素基因启动子的功能分析提供了对果实和花卉发育过程中类胡萝卜素基因表达调控基础的见解。果实和花朵中一些类胡萝卜素基因的上调似乎与有色体组织中类胡萝卜素基因启动子的特定活性有关（Zhu et al.，2014；Yang et al.，2012；Dalal et al.，2010；Corona et al.，1996；Imai et al.，2013）。绿果多毛番茄的 *ShL-*

cyB 启动子在花和果实中表现出 5 倍以上的活性，但在叶中仅表现出基本水平的活性 (Dalal et al.，2010)。在番茄中形成有色体的器官和发育阶段也发现 *PDS* 启动子活性很高 (Corona et al.，1996)。类似地，龙胆中的 *GlLcyB*、*GlBCH* 和 *GlZEP* 启动子在含有色体的器官中高度活跃，但在不含有色体的组织中活性很低 (Zhu et al.，2014；Yang et al.，2012)。*CmCCD4a - 5* 的启动子在发育的菊花中驱动花瓣特异性转录 (Imai et al.，2013)。对类胡萝卜素形成启动子的检测为类胡萝卜素形成基因的协同上调奠定了基础。大黄龙胆在花瓣发育过程中通过同步上调几个类胡萝卜素基因来积累类胡萝卜素。对其启动子的检测确定了 3 种常见的顺式作用基序，这些基序被认为是共同负责调节类胡萝卜素的基因。

尽管转录调控对园艺植物中类胡萝卜素的产生是重要的，但在一些蔬菜和水果中积累的类胡萝卜素的数量和类型与类胡萝卜素基因表达不相关。事实上，在许多物种中并没有观察到上游生物合成基因的协同的高水平转录可以产生特定的和/或大量的类胡萝卜素，如在番茄和辣椒中。与白色花椰菜相比，橙色花椰菜中 β-胡萝卜素的大量积累与生物合成基因的表达增加无关 (Li et al.，2001)。尽管甜瓜果实成熟过程中产生的 β-胡萝卜素与类胡萝卜素形成基因的差异调节有关，但在白色果实和橙色果实之间基因表达水平和模式相似。类胡萝卜素的积累与不同基因的转录不相关已经在很多作物上报道过，如白肉南瓜和橙肉南瓜之间 (Nakkanong et al.，2012)、正常橙和红橙果实成熟期间 (Wei et al.，2014)、黄肉西瓜和红肉西瓜之间 (Lv et al.，2015)、白花万寿菊和黄花万寿菊之间 (Del Villar - Martínez et al.，2005)、白色菊花和黄芽突变体之间 (Kishimoto S and Ohmiya A，2006)，这些结果表明存在不同的或额外的调控机制。

5.4　类胡萝卜素生物合成酶的调控

与类胡萝卜素合成基因的转录调控相比，对植物类胡萝卜素生物合成酶的调控知之甚少。许多机制已被证明能调节类胡萝卜素合成酶及其在类胡萝卜素生物合成中的活性，包括氨基酸序列、膜结合、蛋白质-蛋白质相互作用、亚细胞定位和辅助因子的变化。

生物合成酶活性最常见的调节是酶氨基酸序列的改变，这导致酶活性增强或降低。例如，在非园艺植物木薯中，改变 PSY 高度保守区域中的单个氨基酸会导致催化活性增加，从而导致黄根栽培品种类胡萝卜素含量增加（Welsch et al.，2010）。在某些园艺植物中，引入提前终止密码子可以导致酶失活和类胡萝卜素前体的积累，这是一种常见的调控机制。例如，在缺乏类胡萝卜素的白肉枇杷的 PSY 中（Welsch et al.，2010）、番茄红素高度积累的红肉木瓜的 LCYB2 中（Devitt et al.，2010；Blas et al.，2010）、高 α-胡萝卜素含量的橙色胡萝卜的 CYP97A3 中（Arango et al.，2014）、用于成熟的甜瓜果实中生产番茄红素前体的 CRTISO 中（Galpaz et al.，2013），以及在形成橙色辣椒果实的 CCS 中形成截短蛋白（Rodriguez - Uribe et al.，2012）。在 CRTISO 中插入额外的氨基酸会破坏其活性并导致形成橙色叶球大白菜（Zhang et al.，2015；Su et al.，2014）。同样地，CRTISO1 - OR 中氨基酸的取代或缺失会导致橙色金盏花品种中其活性丧失和 5 -顺式-类胡萝卜素的积累。

类胡萝卜素的生物合成发生在质体膜中（Li L and Yuan H，2013；Cazzonelli C I and Pogson B J，2010；Ruiz - Sola M Á and Rodriguez - Concepcion M，2012）。与膜的结合在一些研究中已被证明是调节生物合成酶活性的机制。在水仙花中，PSY 和 PDS 以两种形式存在于有色体中：可溶性形式和膜结合形式。可溶性形式在间质内含有 HSP70 -的大复合物中是无酶活性的，只有当它与膜结合时，才会变得有活性，从而诱导花瓣中类胡萝卜素的积累（Schledz et al.，1996；Al‑Babili et al.，1996；Bonk et al.，1996）。支持这一观点的更多证据来自对光形态发生过程中类胡萝卜素形成的研究。去黄化过程中类胡萝卜素含量的显著增加与光敏色素调节的 *PSY* 表达有关（Von Lintig et al.，1997；Toledo‑Ortiz et al.，2010）。在黄化幼苗中，除了基因表达量低外，大多数 PSY 蛋白位于原片层体内，由于缺乏感受态膜，因此表现出低酶活性（Welsch et al.，2000）。

最近的研究还揭示了控制模式植物中生物合成酶蛋白水平和活性的其他调节机制。例如，通过蛋白质‑蛋白质互作进行的转录后调节，这可能在园艺植物中起作用。OR 蛋白是在橙色花椰菜中发现的。OR 蛋白调节花椰菜和甜瓜果实中类胡萝卜素的积累（Lu et al.，2006；Tzuri et al.，2015）。OR 已被证明与质体中的 PSY 发生相互作用，并作为主要的转录后调控因子发挥作用，在控制类胡萝卜素生物合成方面正向调控 PSY 蛋白丰度和酶活性（Zhou et al.，2015）。番茄 STAYGREEN 蛋白 SlSGR1 通过与细胞核中的 PSY1 直接相互作用，抑制其转录来负调控 PSY1 的活性，从而调节番茄果实成熟过程中番茄红素的积累（Luo et al.，2013）。另一个例子是 DXS（MEP 途径中的关键酶）的翻译后调节。DXS 直接与 J 蛋白 J20 相互作用，J20 通过识别无活性的 DXS 并将其递送到 HSP70 伴侣系统中以进行适当的折叠和酶激活或在胁迫下进行蛋白水解降解，从而调节 DXS 蛋白水平和活性。亚细胞器定位是控制生物合成酶在介导类胡萝卜素生物合成中能力的另一种方法，可能通过影响酶的稳定性来实现（Shumskaya et al.，2012；Shumskaya et al.，2013）。最近，发现 Z‑ISO（ζ‑胡萝卜素异构酶）依赖氧化还原调节的血红素辅助因子来控制类胡萝卜素生成的酶活性（Beltrán et al.，2015）。

5.5 类胡萝卜素降解基因的调控

CCDs 或 CCOs 将类胡萝卜素裂解为脱辅基类胡萝卜素是调控园艺植物中类胡萝卜素积累的另一个重要因素。NCED 参与 ABA 的产生，CCD7 和 CCD8 参与独脚金内酯的形成。它们的活性很可能不会显著影响植物中的类胡萝卜素水平。相比之下，CCD1 和 CCD4 介导了水果和花卉中的类胡萝卜素的动态平衡和香气/风味化合物的产生（Walter et al.，2011；Auldridge et al.，2006）。与其他的 CCDs、NCEDs 和所有类胡萝卜素生物合成酶不同，番红花 CCD1 和一个新的 CCD2 以及番茄 LeCCD1 定位于细胞质而不是质体，这表明类胡萝卜素的裂解定位于质体的外膜（Frusciante et al.，2014）。*CCD1* 和 *CCD4* 已被确定为许多园艺植物中的基因家族（Rubio et al.，2008；Chiou et al.，2010；Han et al.，2014；Castillo et al.，2005；Ohmiya et al.，2006；Rubio‑Moraga et al.，2014）。对园艺植物，特别是花卉中这些 *CCDs* 的研究，直接证明 *CCDs* 调控类胡萝卜素转化在控制植物类胡萝卜素的水平中起了关键作用。

目前对 CCD 介导的类胡萝卜素调控的研究主要集中在转录水平上。几种黄色花和果实中类胡萝卜素的积累已被证明与 *CCD1* 或 *CCD4* 的表达呈负相关。最好的例子是菊花，尽管大多数类胡萝卜素生物合成基因的转录在白色和黄色花瓣中相似，但 *CmCCD4a* 在白色花瓣中高度表达，但在黄色花瓣中几乎检测不到（Ohmiya et al.，2006）。在白花品种中，RNAi 抑制 *CmC‑CD4a* 的表达和 *CmCCD4a* 的突变使花色由白色变为黄色（Ohmiya et al.，2006；Ohmiya et al.，2009；Yoshioka et al.，2012）。在菊花中，*CmCCD4a* 是通过介导类胡萝卜素的转化来调控类胡萝卜素积累最重要的因子。尽管还需要进一步从功能上验证 CCD4 在控制花瓣颜色方面的特殊作用，但在其他花卉中 *CCD4* 的表达和类胡萝卜素的积累之间也呈负相关，如番红花

（Rubio et al.，2008；Rubio‑Moraga et al.，2014）和桂花（Baldermann et al.，2012；Han et al.，2014）。

在水果中，桃的白色果肉和黄色果肉是由 Y 基因控制的单基因性状。$PpCCD4$ 在黄肉果实中的表达量远低于白肉突变体中的表达量（Brandi et al.，2011）。遗传研究证明，$PpCCD4$ 是控制桃果肉颜色的 Y 基因。$PpCCD4$ 的各种突变降低了它的转录水平，产生了一种截短蛋白，减少了类胡萝卜素的降解，从而产生了黄色的果肉品种（Falchi et al.，2013；Adami et al.，2013；Fukamatsu et al.，2014）。柑橘果实呈现诱人的橙红色，这是由于积累了来自 β‑隐黄质和玉米黄质的裂解产物 β‑柠乌素。$CCD4b$ 是柑橘中 5 个 CCD4 基因之一，其转录与果实发育过程中类胡萝卜素 C_{30} 的产生直接相关，并受成熟调节剂的影响，表明其在调控柑橘类胡萝卜素转化中的重要作用（Ma et al.，2013；Rodrigo et al.，2013；Zheng et al.，2015）。超表达 $CCD4b$ 能够在愈伤中产生红色果皮大量积累的两种 C_{30} 脱辅基类胡萝卜素（β‑citraurin 和 β‑citraurinene）；进一步的启动子活性和等位基因差异表达分析表明，红色果皮柑橘品种 $CCD4b$ 基因启动子区域的 MITE 转座子中的 SNP2G 可能导致红色柑橘品种中 $CCD4b$ 表达量的增强，进而促进红色物质 C_{30} 脱辅基类胡萝卜素的合成；最后系统进化树分析也暗示柑橘 $CCD4b$ 启动子区域的变异是宽皮柑橘及其杂交种在长期进化过程中形成红色果皮性状的重要原因（Zheng et al.，2019）。在其他水果中也发现，CCD4 基因表达的转录调控与类胡萝卜素水平之间的相关性，如枸杞（Liu et al.，2014）。

$CCD1$ 有助于花和果实中类胡萝卜素的风味和香气的产生。许多园艺植物（如番茄果实、藏红花和甜瓜果实）中 CCD1 在大肠杆菌中的体外表达表明，$CCD1$ 将 β‑胡萝卜素和其他类胡萝卜素裂解成一系列的挥发物（Ilg et al.，2014）。$CCD1$ 转录与一些园艺植物中的类胡萝卜素水平有关。与黄色兰花和橙色兰花品种相比，白色兰花中检测不到类胡萝卜素可能是由于 *OgC-CD1* 的高表达所致（Chiou et al.，2010）。草莓成熟过程中，*FaCCD1* 转录的增加与叶黄素含量降低之间存在相关性（García-Limones et al.，2008）。虽然在各种水果和蔬菜中观察到 *CCD1* 或 *CCD4* 与类胡萝卜素含量之间的负相关变化，但对 *CCDs* 表达的调控还不十分清楚。在一些研究中即使未观察到 *CCDs* 基因的表达与类胡萝卜素积累呈负相关，*CCDs* 活性也可能在控制类胡萝卜素的水平方面发挥着重要作用。这一假设得到了 $^{14}CO_2$ 脉冲追踪标记研究的支持，该研究显示拟南芥叶片中类胡萝卜素的持续转化率远高于预期（Beisel et al.，2010）。高水平的连续转化可以解释一些园艺植物的白色组织中类胡萝卜素水平低的原因，这些作物的类胡萝卜素代谢基因的表达模式与其积累的类胡萝卜素的种类相当。

5.6　类胡萝卜素积累的调控基因

虽然主要类胡萝卜素代谢途径中的所有基因都已从各种园艺植物中分离了出来，并得到了很好的表征，但对直接调控通路基因和酶表达的调节基因知之甚少，且植物中可能存在错综复杂的转录网络。大量转录因子，尤其是来自番茄的转录因子，已被证明通过调节果实成熟来影响类胡萝卜素的积累。这些转录因子包括 RIN、TAGL1、AP2a、ERF6、DET1、APRR2 - Like、SGR、BZR1 - 1D 等。

只有少数的调控因子被证明在介导类胡萝卜素生物合成和积累中直接调控类胡萝卜素形成基因或酶的表达（图 5.1、彩图 3）。番茄 RIN 编码 MADS 转录因子，是果实成熟的主要调控因子（Vrebalov et al.，2002）。染色质免疫沉淀（ChIP）和 Chip-chip 分析揭示了许多类胡萝卜素通路基因是 RIN 的靶点，RIN 通过直接正向调节 *PSY1*、*ZISO* 和 *CRTISO* 以及正向控制 *PSY2* 和 *ZDS* 来调节类胡萝卜素积累，并通过对番茄果实的间

接影响负向调节 *LYCB* 和 *LYCE* （Martel et al.，2011；Fujisa-wa et al.，2013）。*SlSGR1* 编码一种 STAY-GREEN 蛋白，该蛋白可调节番茄果实成熟过程中的叶绿素降解。SlSGR1 与细胞核中的 *PSY1* 相互作用，抑制 *PSY1* 表达并抑制 PSY 活性，从而负调节番茄红素的产生（Luo et al.，2013）。最近发现，OR作为正调节因子发挥作用，并通过直接的蛋白质-蛋白质相互作用在质体中转录后调节 PSY，以控制类胡萝卜素的生物合成（Zhou et al.，2015）。光敏色素互作因子1与 *PSY* 的启动子结合并抑制 *PSY* 表达，从而对暗生长的拟南芥幼苗中的类胡萝卜素生物合成进行负调控（Toledo-Ortiz et al.，2010）。类似地，APETALA2（AP2）/乙烯响应元件结合蛋白转录因子家族的成员 AtPAP2.2 与 *PSY* 和 *PDS* 的启动子结合以调节植物中类胡萝卜素的生物合成（Welsch et al.，2007）。

5.7　其他调控机制

　　反馈调节长期以来被认为是调节植物类胡萝卜素水平的一种机制。除了在非园艺植物中的 ABA 外，还发现许多类胡萝卜素代谢物，如顺式胡萝卜素和一些未表征的信号分子，可以反馈调节园艺植物中类胡萝卜素基因的转录丰度。番茄 *tangerine* 基因座 *t* 上位性于基因座 *r*，它编码 *PSY1*。*PSY1* 的表达在柑橘突变体中部分恢复，表明 *t* 产生的顺式胡萝卜素参与了早期通路基因 *PSY1* 表达的反馈调节（Kachanovsky et al.，2012）。橙色胡萝卜中胡萝卜素羟化酶 CYP97A3 的过表达导致 PSY 蛋白水平降低和类胡萝卜素水平降低，表明 PSY 受到未表征信号的负向反馈调节。

　　光信号可以调控类胡萝卜素的积累（Nisar et al.，2015；Ruiz-Sola M Á and Rodriguez-Concepcion M，2012）。光调控 *PSY* 在脱黄化过程中调节类胡萝卜素的生物合成。对2个番茄光信号基因 *HY5* 和 *COP1LIKE* 的功能分析表明，*HY5* 表达的抑制导致类胡萝卜素水平的降低，*COP1LIKE* 表达的下调导致类胡萝卜素积累的增加，表明 *HY5* 和 *COP1LIKE* 在控制果实色素积累方面分别起着正向和反向的作用（Liu et al.，2004）。橙色叶球大白菜是由 CRTISO 缺陷引起的（Zhang et al.，2015；Su et al.，2014）。当橙色叶球大白菜暴露在光照下时，光诱导的异构化导致番茄红素的产生，虽然光异构化的分子基础仍然未知，但这表明 CRTISO 活性可以部分被光取代。在柑橘中，蓝光通过上调 *CitPSY* 表达来增强类胡萝卜素的积累（Zhang et al.，2012）。

乙烯、生长素、茉莉酸（JA）和 ABA 等植物激素通过调节果实成熟影响果实中类胡萝卜素的积累（Liu et al.，2015）。乙烯在果实成熟中起着关键作用。许多转录因子已被证明通过调节乙烯生物合成和信号传导来影响番茄果实中类胡萝卜素的积累（Vrebalov et al.，2002；Fujisawa et al.，2013）。JA 在正向控制类胡萝卜素积累方面也很重要。在番茄中，JA 缺陷突变体果实中的番茄红素含量大大降低，而在 JA 水平提高的转基因品系中番茄红素含量增加（Liu et al.，2012）。对乙烯不敏感的番茄突变体（*Nr*）进行外源性茉莉酸甲酯处理可以显著提高水果中番茄红素的积累（Liu et al.，2012）。同样地，ABA 参与果实的成熟，并影响番茄、草莓和葡萄等水果中类胡萝卜素的积累（Weng et al.，2015；Jia et al.，2011；Seymour et al.，2013）。然而，植物激素是否直接调控类胡萝卜素通路基因的表达仍然未知。

鉴于植物代谢途径的相互作用，类胡萝卜素的代谢可能受到其他细胞和代谢过程的调节或相互关联。组学的最新技术已经能够检测与大量园艺植物中类胡萝卜素积累相关的细胞和代谢变化。例如，柑橘（Pan et al.，2012）、西瓜（Grassi et al.，2013）、橙色叶球大白菜（Zhang et al.，2015）、番茄（Barsan et al.，2012）、辣椒（Martínez‑López et al.，2014）和油棕

（Tranbarger et al.，2011）。此外，还研究了来自各种富含类胡萝卜素的园艺植物的有色体蛋白质组（Barsan et al.，2012；Zeng et al.，2011；Wang et al.，2013）。尽管组学分析通常不能有效地确定控制这些作物中类胡萝卜素积累的基因，但这些研究表明许多细胞和代谢过程与类胡萝卜素积累有关，包括糖代谢、脂代谢、分子伴侣、能量/代谢物运输和氧化还原系统（Li L and Yuan H，2013；Egea et al.，2010）。这些过程是否代表类胡萝卜素积累的内部调控点还未知（Nashilevitz et al.，2010）。

5.8 小结

　　类胡萝卜素是自然界广泛分布的一类色素。园艺植物鲜艳的黄色、橙色和红色被归因于类胡萝卜素的过度积累，这赋予花卉重要的农艺性状及水果和蔬菜重要的品质性状。类胡萝卜素不仅使园艺植物具有视觉吸引力，还增强了它们对人类的营养价值和健康益处。因此，园艺植物中的类胡萝卜素研究在过去十几年内呈指数级增长。这些研究增进了人们对植物中类胡萝卜素代谢和调控的基本理解。本章概述了园艺植物中类胡萝卜素的生物合成、降解和积累，重点介绍了在蔬菜、水果和花卉中类胡萝卜素生物合成和降解基因在转录水平、翻译水平和其他方面调控的最新研究成果。

园艺植物中类胡萝卜素
代谢中质体的作用

在植物细胞中，质体是类胡萝卜素生物合成和储存的场所。质体在植物中普遍存在，且类型多种多样，如前质体、淀粉体、黄化质体、叶绿体和有色体（Lopez‐Juez and Pyke，2004；Jarvis and Lopez‐Juez，2013）。除前质体外，其他类型的质体都具有合成类胡萝卜素的能力（Howitt and Pogson，2006；Li et al.，2016）。前质体是小的且未分化的质体，富含分生组织。虽然前质体不能直接合成类胡萝卜素，但是可以分化形成其他类型的质体（图 6.1）。淀粉体是种子、根和块茎中发现的储存淀粉的质体。淀粉体通常含有微量的类胡萝卜素，其色素类型主要为叶黄素类（即叶黄素、玉米黄质和紫黄质）（Howitt and Pogson，2006；Wurtzel et al.，2012）。黄化质体被认为是在黑暗条件下生长的植物中叶绿体发育的中间阶段。黄化质体含有少量的光合类胡萝卜素，主要色素类型为叶黄素和紫黄质，以及用于快速适应光照下光形态发生的叶绿素前体物质原叶绿酸，（Rodriguez‐Villalón et al.，2009）。叶绿体是植物绿色组织中的光合质体。大量的类胡萝卜素位于叶绿体的类囊体膜中，用于光合作用和光保护。有色体的特征是在许多有色花卉、水果和蔬菜中大量积累类胡萝卜素（Egea et al.，2010；Li and Yuan，2013；Schweiggert and Carle，2017）。由于质体特定的功能和独特的形态，各种类型的质体合成和积累类胡萝卜素的能力存在显著差异（图 6.1）（Ruiz‑Sola and Rodriguez‑Concepcion, 2012；Li et al.，2016）。

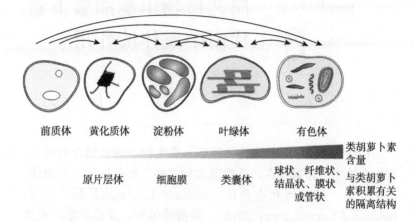

| 前质体 | 黄化质体 | 淀粉体 | 叶绿体 | 有色体 |

类胡萝卜素含量

| | 原片层体 | 细胞膜 | 类囊体 | 球状、纤维状、结晶状、膜状或管状 | 与类胡萝卜素积累有关的隔离结构 |

图 6.1 与类胡萝卜素积累有关的质体类型和隔离结构（Sun et al.，2018）

注：前质体是其他所有类型质体的"祖先"（progenitor），不被认为是类胡萝卜素质体。黄化质体是一种暗发育的质体，它的类胡萝卜素生物合成活性有限。淀粉体是一种含淀粉的质体，可积累低至中等范围的类胡萝卜素。叶绿体通过类胡萝卜素和叶绿素的协调生物合成来定义植物。有色体是一种积累类胡萝卜素的质体，使植物器官形成多种颜色。各类型质体之间的相互转化用细线表示。

6.1 黄化质体

在自然条件下，幼苗从土壤中长出进行光合作用之前，叶绿体处于发育的准备状态。黄化质体最显著的特征是形成原片层体（PLB），其由含有叶绿素前体和类胡萝卜素的相互连接的小管构成的较大的次精状晶格组成（Kowalewska et al.，2016）。黄化幼苗中的黄化质体仅积累少量的类胡萝卜素（Von Lintig et al.，1997；Welsch et al.，2000）。类胡萝卜素积累水平低是由主要限速酶 PSY 的低表达以及它在质体内的拓扑定位引起的。在黄化组织中，PSY 表达受光敏色素调控，主要通过光敏色素互作因子（PIFs）进行调节，PIFs 属于黑暗中抑制光形态发生所需的 bHLH 转录因子家族（Von Lintig et al.，1997；Leivar et al.，2009；Toledo - Ortiz et al.，2010）。PIFs 直接与 PSY 启动子中的 G - box 元件结合抑制其表达，从而导致黄化质体中类胡萝卜素生物合成的下调（Toledo - Ortiz et al.，2010）。此外，PSY 蛋白的拓扑定位也在黄化质体中调控 PSY 的活性水平。PSY 的活性也需要与膜结合（Welsch et al.，2000）。在黄化幼苗中大部分 PSY 蛋白位于 PLBs 内，由于缺乏感受态膜而表现出低酶活性，这降低了其类胡萝卜素生物合成的能力（Welsch et al.，2000）。尽管类胡萝卜素的生物合成活性有限，但在黄化质体中仍然会出现通过类胡萝卜素途径的连续代谢流。当 PDS 活性被黄化幼苗中的质体末端氧化酶（PTOX）破坏时，其体内八氢番茄红素的积累证明了这一论点（Kambakam et al.，2016）。

　　尽管在黄化质体中类胡萝卜素的含量较低，但类胡萝卜素仍是黄化质体形成和发挥功能必不可少的。叶黄素和紫黄质是黄化质体中的主要类胡萝卜素（Park et al.，2002；Rodriguez - Villalón et al.，2009）。叶黄素和紫黄质的缺乏导致黄化质体中缺乏具有代表性的格状原片层体，并延迟叶黄素缺乏突变体 ccr2 暗生长下幼苗的光形态发生（Park et al.，2002；Cuttriss et al.，2007）。这验证了类胡萝卜素形成对黄化质体形成及其功能的关键作用。黄化质体中的叶黄素和紫黄质也被认为在随后的去黄化和光保护中起关键作用（Pogson et al.，1998；Barrero et al.，2008）。事实上，黄化幼苗中类胡萝卜素含量越高，光合发育越好（Rodriguez - Villalón et al.，2009）。显然，黄化质体中类胡萝卜素的生物合成和积累有助于暗生长的幼苗在光照下快速适应光形态发生。

　　黄化质体"准备就绪"形成叶绿体并进行光合作用。光信号是黄化质体分化为叶绿体的主要触发因素。去黄化涉及叶绿素、类胡萝卜素、脂质和蛋白质的同步形成，用于形成"光合装置"。类胡萝卜素的快速产生与类胡萝卜素生物合成基因抑制的解除有关（Woitsch，2003；Rodriguez - Villalón et al.，2009）。PIFs 和长下胚轴 5（HY5）介导大多数的光形态发生反应，以拮抗的方式直接调控 *PSY* 表达。光照会触发负调节因子 PIF 的降解并使 HY5 保持稳定，从而激活 *PSY* 表达（Toledo‐Ortiz et al.，2010、2014；Bou‐Torrent et al.，2015）。此外，PSY 活性在"光合装置"建立后大大增强（Welsch et al.，2000）。类胡萝卜素的显著增加保护质体在去黄化过程中免受光氧化的伤害（Rodriguez‐Villalón et al.，2009；Llorente et al.，2017）。

在去黄化过程中，类胡萝卜素的大量积累与叶绿素的形成协调一致，这对于黄化质体到叶绿体的过渡以及植物在光照下的健康生长至关重要。类胡萝卜素在去黄化的早期和晚期发挥着不同的作用。在最初的几个小时内，叶黄素循环在光捕获复合物完全建立之前达到其最高的光保护活性（Ruban et al.，2007）。*BCH* 和 *ZEP* 的转录水平在该过程发生的早期相对较高（Woitsch，2003）。在后期，类胡萝卜素/叶绿素的值随着光合系统的充分发育和原片层体转化为类囊体而降低。光信号通路（Liu et al.，2013；Mysliwa‐Kurdziel et al.，2013；Su et al.，2015；Xu et al.，2016）和植物激素（Humplík et al.，2015；Cortleven et al.，2016）揭示了去黄化过程中叶绿素形成的复杂调控机制。然而，对于该过程中类胡萝卜素生物合成协调调控的认识仍然非常有限。

6.2　淀粉体

由于淀粉体主要富集在淀粉器官中，如小麦、水稻、大麦和玉米的种子，以及马铃薯块茎和木薯根中，因此，淀粉体具有重要的经济性。淀粉体储存淀粉颗粒，在能量储存和向地性方面对植物很重要（Jarvis and Lopez‐Juez，2013）。淀粉体合成和积累的类胡萝卜素类型主要为叶黄素类（即叶黄素、玉米黄质和紫黄质）（Howitt and Pogson，2006；Wurtzel et al.，2012）。除可能在 ABA 产生中起作用外，淀粉体中类胡萝卜素的功能仍有待确定。虽然在一些遗传变异较大的淀粉类作物的淀粉体中发现大量的类胡萝卜素，如玉米和马铃薯块茎中（Vallabhaneni and Wurtzel，2009；Zhou et al.，2011；Owens et al.，2014），但淀粉体通常积累的类胡萝卜素水平较低（Howitt and Pogson，2006；Zhai et al.，2016）。据推测，淀粉体中类胡萝卜素的生物合成和积累受到一些潜在因素的限制，包括生物合成能力、质体超微结构和代谢通道等。

类胡萝卜素生成途径中关键酶的转录水平低和活力低可能是淀粉体中类胡萝卜素产量低的关键限制因素（Vallabhaneni and Wurtzel，2009；Bai et al.，2016）。大量数据表明，类胡萝卜素合成基因的上调促进水稻种子（Paine et al.，2005；Bai et al.，2016）、马铃薯块茎（Diretto et al.，2007a；Mortimer et al.，2016）、小麦种子（Wang et al.，2014）和植物愈伤组织（Cao et al.，2012；Bai et al.，2014）等淀粉器官中类胡萝卜含量的显著积累。PSY 是淀粉体中类胡萝卜素生物合成的主要限速步骤（Wurtzel et al.，2012）。*PSY* 基因表达量和活性低直接影响许多淀粉器官中的类胡萝卜素水平（Schaub et al.，2005；Li et al.，2008；Howitt et al.，2009；Welsch et al.，2010）。此外，淀粉体中类胡萝卜素的降解对于淀粉组织中类胡萝卜素的水平低是一个可以忽略的因素（Schaub et al.，2017）。全基因组关联研究表明，类胡萝卜素裂解双加氧酶 CCD1 和 CCD4 负责种子中类胡萝卜素的降解，而 ZEP 是拟南芥种子中类胡萝卜素降解的上游因素（Gonzalez‐Jorge et al.，2013、2016）。

质体超微结构对类胡萝卜素的积累很重要，因为它们影响类胡萝卜素的生物合成和储存能力（Yuan et al.，2015b；Llorente et al.，2017）。通常淀粉体中不存在富含脂质的亚结构，淀粉颗粒占据内部空间。淀粉体中缺乏适合的脂蛋白封存亚结构可能限制了淀粉体合成和稳定储存类胡萝卜素的能力（Lopez et al.，2008a；Li et al.，2016）。

作为关键的能量储存场所，淀粉体进行淀粉生物合成需要大量的碳水化合物，这可能会限制碳流进入类胡萝卜素途径。代谢通道维持淀粉体中淀粉和类胡萝卜素生物合成之间的平衡。由于淀粉和类胡萝卜素的合成竞争碳供应，因此，在某些情况下发现类胡萝卜素积累和淀粉沉积之间存在负相关性，如在柑橘中类胡萝卜素含量水平高（Cao et al.，2015）。

然而，淀粉体的重组在特殊的植物器官或组织中经常发生（Jarvis and Lopez-Juez，2013）。这些重组包括明显的晶体型类胡萝卜素储存亚结构的发育（Maass et al.，2009；Cao et al.，2012）和淀粉质体的形成（Hempel et al.，2014；Zhang et al.，2014）。在淀粉体中，类胡萝卜素主要合成并储存在淀粉体膜中（Lopez et al.，2008a；Pasare et al.，2013；Mortimer et al.，2016）。可能当类胡萝卜素积累超过质体膜的储存容量时，淀粉体中诱导结晶型类胡萝卜素储存亚结构。在桃、棕榈果、南瓜和甘薯块茎等一些天然器官中含有具有淀粉颗粒和类胡萝卜素储存元件的淀粉体（Jeffery et al.，2012；Hempel et al.，2014；Zhang et al.，2014）。这种特定种类的质体也存在于改造后用于积累类胡萝卜素的器官（Maass et al.，2009；Cao et al.，2012）中及淀粉体到有色体的转变过程中（Horner et al.，2007）。

这些变化不仅影响类胡萝卜素的储存能力，还可能影响其生物合成能力。随着淀粉体发育的程序性变化，在烟草花蜜腺、柑橘类水果和胭脂树种子假种皮中出现类胡萝卜素的生物合成和积累（Horner et al.，2007；Zeng et al.，2015b；

Buah et al.，2016；Louro and Santiago，2016）。这些变化是通过激活类胡萝卜素合成基因的转录以及其他过程来实现的（Horner et al.，2007）。显然，淀粉体和细胞核之间的反向交流是为了反馈调控质体功能（Enami et al.，2011）。类胡萝卜素的代谢物和类胡萝卜素的水平也可能作为指导淀粉体修饰的信号（Kim et al.，2010；Hou et al.，2016）。此外，淀粉体与类胡萝卜素合成活性的上调相一致，并被动态划分到不同的亚细胞器中（Bai et al.，2016；Mortimer et al.，2016）。这些适应性使得淀粉器官具有合成和积累大量类胡萝卜素的潜力。

6.3　叶绿体

尽管绿色的叶绿素掩盖了类胡萝卜素的颜色，但叶绿体仍然积累了大量的类胡萝卜素。叶黄素、β-胡萝卜素、紫黄质和新黄质是叶绿体中含量最丰富的类胡萝卜素，其比例十分保守（Ruiz-Sola and Rodriguez-Concepcion，2012）。大多数叶绿体类胡萝卜素位于类囊体膜中，用于光收集和光保护（Jahns and Holzwarth，2012；Niyogi and Truong，2013；Ruban，2016）。紫黄质和其他类胡萝卜素也在叶绿体被膜（Schwarz et al.，2014）和质体小球（小脂蛋白）中被发现（Wijk and Kessler，2017）。质体小球被确定为类胡萝卜素分解成脱辅基类胡萝卜素（Ytterberg et al.，2006；Lundquist et al.，2012；Rottet et al.，2016）和非内源性类胡萝卜素进行积累的场所（Mortimer et al.，2017）。

叶绿体中活性类胡萝卜素的生物合成主要发生在被膜中（Joyard et al.，2009；Ruiz-Sola and Rodriguez-Concepcion，2012）。亚质体蛋白质组学研究将大多数类胡萝卜素酶定位在叶绿体被膜中，ZEP（玉米黄质环氧化酶）位于被膜和类囊体中，而 VDE（紫黄质脱环氧化酶）仅存在于类囊体中（Ytterberg et al.，2006；Joyard et al.，2009；Bruley et al.，2012）（图 6.2）。值得注意的是，类胡萝卜素酶的细胞器内定位与类胡萝卜素代谢物的定位不完全重叠，可能存在未知的运输途径。含有类胡萝卜素代谢物和酶的质体小球（图 6.2）附着在类囊体上，叶绿体中质体小球的数量与类囊体的生物合成有关（Brehelin et al.，2007；Van Wijk and Kessler，2017），这使得质体小球成为代谢物运输到类囊体的可能结构。

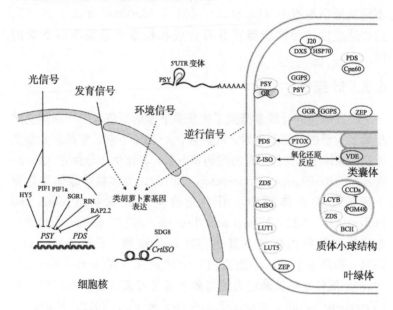

图 6.2　类胡萝卜素生成的多方面调控概述（Sun et al.，2018）

注：类胡萝卜素通路基因的转录调控受内部因素控制，如组蛋白修饰、发育程序、来自细胞器的逆行信号以及外部信号（如光信号）和其他环境信号的控制。研究表明，一些转录因子直接控制类胡萝卜素基因的表达。虽然如图 6.2 所示，许多机制在叶绿体中已经进行了描述，但影响通路酶活性的其他调控层面尚不清楚。这些层面包括蛋白质互作、膜结合、代谢通道的酶复合物和氧化还原调节。叶绿体中类胡萝卜素通路酶的定位是基于亚质体蛋白质组学鉴定显示的（Ytterberg et al.，2006；Joyard et al.，2009；Bruley et al.，2012）。

　　叶绿体中的类胡萝卜素主要用作光合色素和光保护剂。没有类胡萝卜素，叶绿体就不能正常发挥其功能，因此，植物也将无法生存。敲除光合组织中的 *PSY* 和 *PDS* 会导致光合作用完全丧失，叶黄素生物合成基因的突变不会导致致死表型，但会对光保护产生负面影响（Pogson et al.，1996；Tian and DellaPenna，2001；Kim and DellaPenna，2006）。光保护是植物在高光胁迫下更好地生存的一种机制。类胡萝卜素在这一过程中起着不可替代的作用，它可以猝灭叶绿素激发态，清除活性氧，并将多余的能量耗散为热量。维管植物中的光保护机制为非光化学猝灭（NPQ），包括 2 个叶黄素循环，即紫黄质循环和叶黄素环氧化物循环，工作机制是将多余的激发能量转化为无害的热量（Leonelli et al.，2017；Leuenberger et al.，2017）。研究表明，除了强光胁迫外，乙烯信号和病原体也会对 NPQ 产生影响（Chen and Gallie，2015；Zhou et al.，2015a）。这表明叶黄素循环为叶绿体提供了可塑性，以便更好地适应环境胁迫。此外，在类囊体外积累类胡萝卜素可以保护细胞，对胁迫的响应也非常重要（Solovchenko and Neverov，2017）。

　　叶绿体中的类胡萝卜素也可以转化为作为信号分子的脱辅基类胡萝卜素。除了众所周知的植物激素 ABA 和 SLs 外（Finkelstein，2013；Al-Babili and Bouwmeester，2015），越来越多的证据表明，脱辅基类胡萝卜素在整个植物发育过程中发挥重要的调节作用（McQuinn et al.，2015；Tian，2015；Hou et al.，2016）。在 ζ-胡萝卜素去饱和酶突变体中，来自六氢番茄红素和 ζ-胡萝卜素裂解产生的未表征的脱辅基类胡萝卜素信号改变了针状半透明叶片的发育，并通过调节细胞核和质体编码基因的表达极大地影响了叶绿体的生物合成（Avendano-Vazquez et al.，2014）。非酶促产生的脱辅基类胡萝卜素、β-环柠檬醛和二氢猕猴桃内酯，可能通过水杨酸信号级联反应调节应激相关基因的表达以增强强光适应性（Ramel et al.，2012；Shumbe et al.，2014、2017；Lv et al.，2015a）。此外，在拟南芥中发现类胡萝卜素衍生的信号调节侧根分枝（Van Norman et al.，2014）。

叶绿体中类胡萝卜素合成的许多调控机制是已知的，部分调控机制在此处进行了说明。类胡萝卜素生物合成基因的转录调控对类胡萝卜素的合成起着核心作用，这已经在叶片组织中进行了广泛的研究，虽然还有很多机理有待揭示（Lu and Li，2008；Ruiz - Sola and Rodriguez - Concepcion，2012；Nisar et al.，2015）。类胡萝卜素合成基因响应发育和环境信号而被激活或抑制（Ruiz - Sola and Rodriguez - Concepcion，2012；Nisar et al.，2015）。光信号和光周期对叶绿体的功能很重要，并影响类胡萝卜素生物合成基因的转录水平。PIF和 HY5 与 *PSY* 启动子中 G - box 元件的直接结合建立了光信号和类胡萝卜素生物合成基因表达之间的联系（Toledo - Ortiz et al.，2010；Bou - Torrent et al.，2015；Llorente et al.，2017）（图 6.2）。转录因子 RAP2.2 与 *PSY* 和 *PDS* 启动子的 ATCTA 元件结合可以负向调控拟南芥中胡萝卜素的合成（Welsch et al.，2007）（图 6.2）。通过组蛋白甲基转移酶（SDG8）对 *CrtISO* 进行的表观遗传修饰，为叶绿体中类胡萝卜素生物合成的调控提供了一种微调机制（Cazzonelli et al.，2009、2010）。

翻译后调控对于维持植物中类胡萝卜素酶的功能至关重要。拟南芥的 *PSY* 有 2 种可变剪切体，它们具有不同 5′的 UTR。不同长度的 5′UTR 发挥不同的翻译效率来调控 PSY 酶活性（Álvarez et al.，2016）（图 6.2）。这种翻译调控给利用不同拷贝的 PSY 进行转录调控的其他植物提供了一种选择。脱氧-D-木酮糖-5-磷酸合成酶（DXS）是质体类异戊二烯途径的第一种酶，通过蛋白质-蛋白质互作受 J-蛋白 J20 的控制。J20 专门针对错误折叠或未折叠的 DXS，并将 DXS 传送到

HSP70 系统进行重新折叠和发挥功能（Pulido et al.，2013、2016、2017）。GGPS11 直接与 PSY 相互作用以介导进入类胡萝卜素生物合成的通量（Ruiz‐Sola et al.，2016）（图 6.2）。此外，发现 OR 蛋白是 PSY 主要翻译后调控因子，调控 PSY 蛋白水平并控制类胡萝卜素生产过程中的酶活性（Zhou et al.，2015b；Park et al.，2016；Chayut et al.，2017）（图 6.2）。叶绿体蛋白酶系统对叶绿体蛋白质组的转换非常重要（Nishimura et al.，2016）。最近的一项研究表明，CCD4 可能是质体小球定位的金属肽酶 PGM48 的底物（Bhuiyan and Van Wijk，2017）（图 6.2）。

类胡萝卜素生物合成也受到影响类胡萝卜素酶活性的因素影响。氧化还原态调控类胡萝卜素去饱和酶。PTOX 在八氢番茄红素去饱和过程中作为氧化还原调节剂，影响叶绿体中类胡萝卜素的含量（Wu et al.，1999；Kambakam et al.，2016）。类囊体定位的 VDE 对氧化还原状态比较敏感，其中 VDE 蛋白的二硫键能够感知氧化还原态（Hallin et al.，2015；Simionato et al.，2015）。Z‐ISO 还通过血红素辅因子以氧化还原调节的方式控制类胡萝卜素的生成（BeltrÁn et al.，2015）。这些研究有助于加深人们对植物类胡萝卜素合成调控的认识。

类胡萝卜素合成酶定位于包膜内（Bonk et al.，1997；Gemmecker et al.，2015）。但只有少数蛋白质预测含有跨膜结构域，这表明蛋白质复合物的形成与膜有关（Ruiz‐Sola and Rodriguez‐Concepcion，2012）。事实上，在叶绿体大的蛋白质复合物中发现了一些类胡萝卜素生物合成酶（Bonk et al.，1997）。在拟南芥中发现 PDS 在叶绿体中存在 2 种类型的复合物：一种是位于膜中 360 ku 的复合物，另一种为间质中 660 ku 的复合物（Lopez et al.，2008b）。体外试验发现，PDS 蛋白与膜的寡聚组装（Gemmecker et al.，2015）。GGPPS11 通过与

PSY、GGR 和 SPS2 的物理互作形成与膜相关的类胡萝卜素酶复合物（Ruiz‐Sola et al.，2016）。酶复合物的形成被证明可以促进类胡萝卜素生物合成的代谢途径（Ruiz‐Sola and Rodriguez‐Concepcion，2012）。

类胡萝卜素作为光合器官不可缺少的组成成分，与叶绿体中的叶绿素的生物合成协同合成。因此，叶绿素生物合成和叶绿体形成的缺陷通常会导致类胡萝卜素生物合成的减少或水平的降低。同时，随着类胡萝卜素生物合成基因和调控基因的上调，叶绿体中类胡萝卜素和叶绿素的协同合成也抑制了绿叶组织中类胡萝卜素的积累（Maass et al.，2009；Yuan et al.，2015b）。目前，直接调控叶绿体中类胡萝卜素和叶绿素生物合成的基因还未知。

6.4　有色体

有色体作为花、果实、根中合成和储存类胡萝卜素的主要质体，与其他类型的质体不同，在不同器官和物种中含有不同种类和含量的类胡萝卜素。有色体中类胡萝卜素的多样性产生了丰富多彩的植物器官，用来吸引昆虫和动物授粉及种子传播（Maass et al.，2009；Yuan et al.，2015b）。

有色体是发育完全的且是最终的质体类型。它由其他类型的质体转化形成，包括前质体、淀粉体和叶绿体，但是有色体分化的分子基础仍然未知（Egea et al.，2010；Li and Yuan，2013；Li et al.，2016）。在水果和蔬菜中，有色体通常来源于叶绿体，在成熟过程中会发生绿色到黄色或红色的变化，如番茄（Egea et al.，2011；Suzuki et al.，2015）、甜椒（Spurr and Harris，1968）和葡萄柚果皮（Lado et al.，2015a）。有色体也从非光合组织中的前质体和淀粉体转化而来，这些非光合组织如橙色花椰菜突变体（Li et al.，2001）、胡萝卜根（Kim et al.，2010）、木瓜（Schweiggert et al.，2011）和柑橘果肉（Lado et al.，

2015b；Zeng et al.，2015b）。在明显的膜重塑和有色体内形成类胡萝卜素-脂蛋白隔离亚结构之后，大量类胡萝卜素的积累标志着向有色体转化的开始。

根据含色素的存储结构，有色体分为球状、结晶状、膜状、纤维状和管状5种主要类型（Egea et al.，2010；Li and Yuan，2013；Schweiggert and Carle，2017）。通常在一个物种中同时存在多种类型的有色体。球状有色体的特征是在许多植物中都含有丰富的质体小球，如杧果、木瓜（黄色）、番茄（Jeffery et al.，2012）、胭脂树（Louro and Santiago，2016）、藏红花（Gómez et al.，2017）和柑橘（Lado et al.，2015a、2015b；Zeng et al.，2015b；Lu et al.，2017）。结晶状有色体通常以红色/橙色晶体形式大量积累番茄红素和β-胡萝卜素，如在番茄（Jeffery et al.，2012）、西瓜（Jeffery et al.，2012；Zhang et al.，2017）和胡萝卜（Kim et al.，2010）中结晶状有色体的含量非常丰富。有趣的是，尽管全反式-β-胡萝卜素以结晶状类型积累，但其顺式异构体是球状有色体（Vasquez－Caicedo et al.，2006）。膜状有色体的典型特征是大量聚集的旋涡状多层膜结构，如在水仙花（Hansmann et al.，1987）和橙花椰菜中（Paolillo et al.，2004）。纤维状有色体含有纺锤形原纤维，在红辣椒中最常见（Kilcrease et al.，2013）。管状有色体显示出细长的管状外观，其中许多小管成束排列，如黄肉木瓜（Schweiggert et al.，2011）中。有色体中类胡萝卜素-脂蛋白隔离亚结构的高度异质性和可塑性可能导致水果、蔬菜和根中类胡萝卜素种类的多样性和含量的不同。目前已通过观察各种柑橘类水果（Lado et al.，2015b）和甜椒类果实（Kilcrease et al.，2015）的有色体得到充分验证。

各种类胡萝卜素-脂蛋白隔离亚结构在有色体中大量积累方面发挥着2个显著的作用（Vishnevetsky et al.，1999；Li et al.，2016）。一个作用是将新合成的类胡萝卜素隔离到有色体中的色素脂蛋白亚结构中以稳定储存。例如，隔离的类胡萝卜素在原位表现出显著的光稳定性（Merzlyak and Solovchenko，2002）。另一个作用是通过从质体包膜中去除新合成的类胡萝卜素来刺激连续的生物合成，以避免类胡萝卜素生物合成部位的终产物过载。因此，发现色素-脂蛋白隔离亚结构的形成或有色体区室大小/数量的增加与类胡萝卜素积累的增加密切相关也就不足为奇了（Li and Yuan，2013）。在类胡萝卜素过量产生的有色体形成过程中有大规模的膜系统重塑，主要包括质体小球大小及数量的增加、膜高频率的形成和质体微管结构的显著增加（Bian et al.，2011；Nogueira et al.，2013；Lado et al.，2015b）。对番茄高色素突变体的研究证明，类胡萝卜素积累的水平与质体的大小和数量直接相关（Liu et al.，2004；Kolotilin et al.，2007；Galpaz et al.，2008）。类胡萝卜素的酯化也可以调节类胡萝卜素的含量，因为它有增强类胡萝卜素稳定性的作用（Ariizumi et al.，2014）。叶绿体通过限制类胡萝卜素的螯合以保持适当的类胡萝卜素/叶绿素值来确保最佳的光合作用和光保护，与叶绿体不同，有色体具有更高的容量，具有很大的代谢库强度来大量积累类胡萝卜素。

有色体是类胡萝卜素积累的主要细胞器。因此，调控有色体的生物合成对总类胡萝卜素的积累具有深远的影响。在花椰菜中，*Or* 突变体的白色和橙色组织中类胡萝卜素代谢通路基因的转录水平相似（Li et al.，2001；Lu et al.，2006）。类似地，橙色和非橙色果肉甜瓜果实中类胡萝卜素通路基因的表达也没有显著差异（Chayut et al.，2015）。在花椰菜和甜瓜的橙色与非橙色组织之间的代谢通量率也都相当（Li et al.，2006；Chayut et al.，2017）。甜瓜 *Or* 基因中的单个"金色 SNP"将 OR 蛋白中高度保守的精氨酸突变为组氨酸，是大量的种质资源中有色体积累 β-类胡萝卜素的原因（Tzuri et al.，2015）。虽然 OR 调节 PSY 蛋白水平和酶活性（Zhou et al.，2015b；Park et al.，2016），但橙色组织中"金色 SNP"诱导的类胡萝卜素积累与生物合成活性没有直接关联。进一步研究表明，高水平的类胡萝卜素积累是由于"金色 SNP"在介导有色体生物合成或质体类型变化方面的独特能力（Yuan et al.，2015a；Chayut et al.，2017）。另一个例子是红肉甜橙突变体中，胡萝卜素的大量积累不是由胡萝卜素生成活性影响的，而是由独特的结晶状有色体的发育影响的（Lu et al.，2017）。这些研究证明了有色体生物合成对类胡萝卜素积累的关键作用。

有色体的分化是一个复杂过程，目前其具体机制还不清楚（Egea et al.，2010；Li et al.，2016）。几种非类胡萝卜素合成基因和蛋白质已被证明与有色体的形成和发育有关。它们包括番茄果实中的小分子伴侣和被脂肪酸生物合成酶 accD 编码的质体（Neta-Sharir et al.，2005；Kahlau and Bock，2008）、辣椒果实中的质体融合和/或异位因子（Pftf）（Hugueney et al.，1995）和原纤维蛋白（Deruère et al.，1994；Kilambi et al.，2013；Kilcrease et al.，2015）。然而，与有色体形成相关的基因和途径在很大程度上仍然未知。Or 代表了唯一已知的基因，作为花椰菜（Li et al.，2001；Lu et al.，2006）和橙色甜瓜果实（Tzuri et al.，2015；Chayut et al.，2017）中触发有色体分化的分子开关。马铃薯块茎和拟南芥愈伤组织中 Or 转基因的异位表达验证了其对启动有色体生物合成中的特定作用（Lopez et al.，2008a；Yuan et al.，2015a）。Or 诱导的橙色花椰菜突变体（Paolillo et al.，2004）的橙色愈伤组织在透射电子显微镜下可以清楚地观察到典型的膜状有色体（Yuan et al.，2015a）。尽管已知 Or 在介导类胡萝卜素积累方面具有双重功能，但 Or 控制有色体生物合成的机制仍然未知。

在观察过表达 PSY1 的番茄早熟果实中质体转化形成类有色质体的结构后，推测类胡萝卜素代谢产物诱导是质体生物发生的机制（Fraser et al.，2007）。事实上，有色体的分化与类胡萝卜素的产生密切相关。此外，已发现独特类型的有色体的形成与特定类胡萝卜素的积累有关。红肉柑橘果实中番茄红素的积累导致结晶状有色体的形成（Lado et al.，2015b；Lu et al.，2017）。同样，2-（4-氯苯硫基）-三乙胺盐酸盐诱导的番茄红素产生导致在正常柑橘类水果中形成结晶状有色体而不是球状有色体（Lu et al.，2017）。虽然类胡萝卜素代谢物会诱导有色体亚结构的变化，但代谢物本身是否可以启动有色体生物合成以及如何启动仍有待阐明。

类胡萝卜素代谢的多方面调控已在包含有色体的组织中得以揭示（Ruiz-Sola and Rodriguez-Concepcion，2012；Nisar et al.，2015；Yuan et al.，2015b）。在番茄（Ronen et al.，1999）和辣椒（Hugueney et al.，1996）的有色体中，在响应发育信号且果实从绿色到红色/黄色成熟的过程中，通路基因的转录调控起主要作用。转录调控还为许多其他物种在成熟（Wei et al.，2014；Chayut et al.，2015）和开花（Sagawa et al.，2016）期间类胡萝卜素的产生提供了第一层控制。通过突变或其他未知机制抑制下游基因表达会导致各种特定上游产物在有色体中积累（Blas et al.，2010；Galpaz et al.，2013；Zhang et al.，2015；Lv et al.，2015b）。翻译后调控通路酶活性为类胡萝卜素的产生提供了另一层面的控制。这种调控包括膜结合（Al-Babili et al.，1996；Schledz et al.，1996；Ahrazem et al.，2016）和蛋白质互作（Luo et al.，2013；Park et al.，2016；Chayut et al.，2017）。酶复合物的形成也促进了代谢物通道，从而驱动代谢流的完成（Ruiz-Sola et al.，2016）。其他方面的调控包括在番茄（Kachanovsky et al.，2012）和胡萝卜（Arango et al.，2014）中类胡萝卜素代谢物对通路基因和酶的反馈调控，以及番茄橘色和金深红色突变体 *CrtI* 中发现的负向反馈和前馈机制（Enfissi et al.，2017）。基因表达的表观遗传调控影响番茄果实的成熟和类胡萝卜素的积累（Zhong et al.，2013）。多方面的调控机制也有助于有色体中类胡萝卜素种类和水平的多样性，从而产生多种颜色的器官。

有色体中类胡萝卜素合成受发育和环境信号控制（Ruiz-Sola and Rodriguez-Concepcion，2012；Fanciullino et al.，2014；Liu et al.，2015；Nisar et al.，2015）。在番茄果实成熟过程中，被发育调控的叶绿素降解降低了自遮蔽效应，促进了PIF1a的转化，导致PSY表达的特异激活和类胡萝卜素生物合成（Lorente et al.，2016）。有色体中类胡萝卜素水平的暴发与许多果实的成熟过程密切相关。大量与成熟相关的转录因子，特别是那些调节乙烯产生的转录因子，会影响番茄果实中类胡萝卜素的水平（Liu et al.，2015）。然而，只有少数（RIN和SGR1）被证明可以直接调节类胡萝卜素基因的转录（Martel et al.，2011；Fujisawa et al.，2013；Luo et al.，2013）。此外，植物激素和光信号均会影响有色体中类胡萝卜素的水平，它们对番茄果实中类胡萝卜素代谢的影响也进行了综述（Liu et al.，2015）。对葡萄柚进行遮阳（Lado et al.，2015a）和胡萝卜根部在黑暗条件下生长（Fuentes et al.，2012）促进了有色体的分化和类胡萝卜素的积累。推测Y位点编码的光形态发生抑制因子与胡萝卜肉质根中类胡萝卜素合成密切相关（Iorizzo et al.，2016）。虽然乙烯、脱落酸、生长素、赤霉酸和茉莉酸等多种植物激素会影响类胡萝卜素水平（Liu et al.，2015），但它们是否直接调控类胡萝卜素代谢通路基因和酶尚不清楚。

6.5 质体中类胡萝卜素的调控

类胡萝卜素在人类饮食中是必不可少的。β-胡萝卜素含量低的植物性食品导致维生素A缺乏症在世界范围内流行，这促使全球努力生产富含维生素 A 的"黄金"主食作物（Bai et al.，2011；Wurtzel et al.，2012；Giuliano，2017）。典型的例子有橙色玉米，其含有通过常规育种产生的番茄红素环化酶和 β-胡萝卜素羟化酶 1 的有利等位基因（Harjes et al.，2008；Yan et al.，2010），还有通过转化 PSY 产生的黄金大米和通过生物技术方法产生的细菌 CrtI（Ye et al.，2000；Paine et al.，2005）。食用富含维生素 A 前体合成类胡萝卜素的生物强化植物已被证明可以显著改善人体内维生素 A 的状况。

类胡萝卜素代谢途径的代谢工程已经产生了大量类胡萝卜素发生变化的植物（Farré et al.，2011；Giuliano，2017）。由于植物中类胡萝卜素的水平由生物合成速率、降解速率和质体库强度决定（Cazzonelli and Pogson，2010；Li and Yuan，2013），因此，利用操纵这些过程的策略可以促进植物中类胡萝卜素的产生。

大多数研究集中于通过一种或多种通量控制酶的过度表达来增加质体中的代谢通量，作为一种"推动"策略（Giuliano et al.，2008；Zhu et al.，2013；Zhai et al.，2016；Giuliano，2017）。PSY 是主要的限速酶，将代谢通量引导到类胡萝卜素生物合成中以确定类胡萝卜素库的大小。因此，它是遗传改良的主要目标。研究发现，高活性 PSY 变异体的选择对总类胡萝卜素的积累产生深远的影响，如黄金大米 II 中（Paine et al.，2005）所记录的。有或没有多功能细菌去饱和酶/异构酶基因 CrtI 的 PSY 过表达成功增加了许多主要植物中的 β-胡萝卜素和总类胡萝卜素含量，如水稻、马铃薯、玉米、小麦、香蕉和油菜（Shewmaker et al.，1999；Ye et al.，2000；Ducreux et al.，2005；Paine et al.，2005；Diretto et al.，2007a；Zhu et al.，2008；Wang et al.，2014；Paul et al.，2016）。

减少下游的代谢通量或降低类胡萝卜素的降解率是抑制类胡萝卜素含量减少的有效途径（Giuliano，2017）。特定途径酶的下调通常导致上游代谢物的积累，如在马铃薯和甘薯中沉默β-胡萝卜素羟化酶促进了β-胡萝卜素的积累（Van Eck et al.，2007；Diretto et al.，2007b；Kang et al.，2017）。类胡萝卜素裂解双加氧酶 CCD1、CCD2 和 CCD4 负责类胡萝卜素降解和类胡萝卜素库的消耗（Van Eck et al.，2007；Diretto et al.，2007b；Kang et al.，2017）。它们是基因工程的潜在目标，可通过对这些基因的干预调控类胡萝卜素的含量，如马铃薯采用 RNA 干扰（RNAi）方法下调 CCD4 基因表达水平，导致类胡萝卜素中紫黄质的含量升高，比对照植株高 2～5 倍（Campbell et al.，2010）。

增加类胡萝卜素的库容量是质体中类胡萝卜素积累的另一个决定因素，利用了"拉"的策略（Li and VanEck，2007；Lu and Li，2008；Giuliano，2017）。质体类型、数量、大小和特定的存储结构都影响类胡萝卜素的隔离和储存。各种类型的质体在合成和储存类胡萝卜素方面表现出不同的能力，黄化质体、淀粉体、叶绿体和有色体的能力依次从低到高（Ruiz-Sola and Rodriguez-Concepcion，2012；Li et al.，2016）（图 6.1）。因此，不同质体中基因工程的植物类胡萝卜素会产生不同的类胡萝卜素含量和稳定性（Li et al.，2012；Schaub et al.，2017）。Or 是有色体生物合成的真正分子开关，在 PSY 活性的翻译后调控和启动有色体分化方面发挥着双重功能（Lu et al.，2006；Yuan et al.，2015a；Zhou et al.，2015b；Chayut et al.，2017）。控制野生型 Or 已被证明能增加大多数植物中的类胡萝卜素水平（Park et al.，2015；Wang et al.，2015；Bai et al.，2016；Berman et al.，2017），其原因可能是由于其调控 PSY 和质体发育的功能。过表达突变体的等位基因导致类胡萝卜素水平显著提高的有色体形成（Lu et al.，2006；Lopez et al.，2008a；Li et al.，2012；Yuan et al.，2015a），这是由于有色体具有为类胡萝卜素生物合成和稳定储存提供高容量的特性。事实上，甜瓜中 Or 的生化和遗传研究揭示了其在稳定和抑制 β-胡萝卜素转换方面的作用（Chayut et al.，2017）。目前，虽然可用于操纵质体库强度的遗传工具有限，但成功证明 Or 的有效性表明该策略在促进类胡萝卜素积累方面具有很重要的作用。然而应当指出的是，如果没有足够的生物合成活性，仅改变储存能力是不够的。

由于类胡萝卜素的积累反映了多个过程的动态平衡，多种调控的组合可能会导致类胡萝卜素的进一步增强。小麦胚乳中 β-胡萝卜素的富集、玉米胚乳和马铃薯块茎中酮基类胡萝卜素的产生以及水稻胚乳中类胡萝卜素的提高都证明了这一点（Campbell et al.，2015；Zeng et al.，2015a；Bai et al.，2016；Farré et al.，2016）。由于生物合成提供了增加代谢通量池的驱动力，因此，它对于存储高水平的类胡萝卜素至关重要。库强度的改变，特别是通过诱导有色体的生物合成，为质体提供了持续生物合成和稳定积累的潜力和能力。

通过"推"的方法对主要植物中的类胡萝卜素进行代谢工程通常会导致淀粉体中类胡萝卜素的积累（Paine et al.，2005；Bai et al.，2016；Mortimer et al.，2016）。积累的类胡萝卜素在成熟的最后阶段和收获后储存很容易降解（Farré et al.，2013；De Moura et al.，2015；Che et al.，2016；Schaub et al.，2017）。类胡萝卜素的酶促和非酶促氧化都会导致类胡萝卜素的转化（Gayen et al.，2015；Gonzalez - Jorge et al.，2016；Qin et al.，2016）。通过在主要植物中诱导有色体的形成，能够进一步促进类胡萝卜素的生物合成，且由于有色体的特定特征可增强类胡萝卜素储存的稳定性（Li et al.，2012）。甜瓜中 Or "黄金 SNP"的发现及其在促进有色体形成和类胡萝卜素积累方面有效性的证明（Tzuri et al.，2015；Yuan et al.，2015a）为基因组编辑提供了机会，以创建 Or 的功能等位基因来控制主要植物的质体库强度。进一步鉴定基因功能和阐明有色体生物合成的分子机制可能会提供另外的遗传工具和方法来促进类胡萝卜素的生物合成，并使类胡萝卜素在主要植物的质体中稳定储存。

尽管类胡萝卜素代谢途径中的基因和酶已被广泛研究，但类胡萝卜素积累的调控仍有待充分阐明。由于质体是类胡萝卜素代谢的场所，质体类型对类胡萝卜素的生物合成和积累有着深远的影响。各种质体的独特功能控制着类胡萝卜素代谢的调节网络，并定义了它们对类胡萝卜素生物合成和储存的能力，从而在植物器官中产生了不同数量和种类的类胡萝卜素。越来越多的证据支持隔离亚结构在质体中类胡萝卜素生物合成和积累中的关键作用。

在解析不同类型质体中类胡萝卜素代谢和主要植物中控制类胡萝卜素的机制方面机遇和挑战并存。组学技术和全基因组关联分析可以促进人们对复杂的类胡萝卜素代谢网络的理解，并加快鉴定参与类胡萝卜素代谢的新基因。通过对新调控因子的表征和对其内在调控机制的理解，可以极大地促进人们目前对类胡萝卜素代谢调控的认识，并为植物中类胡萝卜素的富集提供新的策略。增强质体中类胡萝卜素的代谢库强度，特别是诱导淀粉体形成有色体以及提高生物合成活性，为主要植物类胡萝卜素含量的提高和稳定性的增强提供了很大的可能性。

6.6　小结

质体是植物细胞中类胡萝卜素生物合成和储存的细胞器。它们以各种类型存在，主要包括原生质体、黄化质体、叶绿体、淀粉体和有色体。不同类型的质体合成和储存类胡萝卜素的能力存在较大差异。显然，质体在控制类胡萝卜素活性、类胡萝卜素稳定性和色素多样性方面起着核心作用。了解类胡萝卜素在不同质体中的代谢与积累可以拓展大众对类胡萝卜素形成多方面调控的认识，并促进人们努力开发营养丰富的园艺植物。本章全面概述了各种类型的质体对类胡萝卜素生物合成和积累的影响，并讨论了不同质体类型中类胡萝卜素形成及其代谢工程调控方面的最新进展。

胡萝卜中类胡萝卜素的生物合成和遗传基础

　　类胡萝卜素对光合作用至关重要，也是所有膳食维生素 A 的最终来源。类胡萝卜素解释了橙色、黄色和红色胡萝卜根颜色的多样性，因此，它们是胡萝卜相关研究中最广泛的一类化合物，人们已在不同的遗传背景和环境中对其生物合成和积累进行了评估。2-C-甲基-D-赤藓糖醇-4-磷酸途径（MEP）和类胡萝卜素生物合成途径中的许多基因已在胡萝卜中进行了鉴定和表征，这些途径中的基因在所有颜色胡萝卜中均有表达，包括只含有微量类胡萝卜素的白色胡萝卜。所有颜色胡萝卜根中的类胡萝卜素途径中基因的活性功能是可以预期的，由于途径产物是植物发育重要激素的前体。MEP 途径中的 1-脱氧-d-木酮糖-5-磷酸合酶基因（*DXS*）以及类胡萝卜素途径中的八氢番茄红素合成酶和番茄红素环化酶基因（*PSY*、*LCYB*）对相应的途径提供了一定程度的总体调节或控制，这些基因在类胡萝卜素含量较高的胡萝卜中逐渐上调，但它们表达量变化并不能解释不同颜色胡萝卜中类胡萝卜素的不同含量和组成。相比之下，*Y* 和 *Y₂* 基因的遗传多样性在很大程度上解释了白色、黄色和橙色胡萝卜中类胡萝卜素积累的变异，并且随着胡萝卜基因组的测序，这些基因的遗传基础将被逐渐揭示。*Y* 基因的候选基因 *DCAR _ 032551* 不是 MEP 或类胡萝卜素生物合成途径中的一员，而是光系统发育和类胡萝卜素储存的调节剂。*Y₂* 基因的候选基因尚未确定，

但在 Y_2 精细定位区间内未发现类胡萝卜素生物合成基因。调节其他植物有色体发育的 *Or* 基因也被认为与胡萝卜中类胡萝卜素的存在有关。在类胡萝卜素生物合成途径之外会影响胡萝卜类胡萝卜素颜色的基因是在胡萝卜基因组测序后发现的一个令人兴奋的结果。红色胡萝卜是由 1 号染色体的 Lyco1.1 和 3 号染色体的 Lyco3.1 这 2 个 QTL 控制的，*DCv3 _ Chr1.02725* 和 *DCv3 _ Chr3.10274* 分别是这 2 个位点的候选基因。*DCv3 _ Chr1.02725* 编码叶绿体 FAD 合成酶，*DCv3 _ Chr3.10274* 编码 I 类热休克蛋白。在已有的研究中还未发现任何一个类胡萝卜素代谢途径的基因控制胡萝卜中类胡萝卜素的合成，说明胡萝卜中类胡萝卜素的合成有自己独特的方式。

7.1 胡萝卜中类胡萝卜素的生物合成

在胡萝卜中，类胡萝卜素类异戊二烯通过 2 - C - 甲基 - D - 赤藓糖醇 - 4 - 磷酸途径（MEP）在质体中合成，其中丙酮酸和甘油醛 3 - 磷酸被代谢转化为异戊烯二磷酸（IPP），并在细胞质中通过甲羟戊酸途径（MVA）将乙酰辅酶 A 转化为 IPP 和牻牛儿基牻牛儿基焦磷酸（GGPP）。GGPPs 随后形成八氢番茄红素，这是类胡萝卜素合成路径的第一个关键步骤（图 7.1）。大多数类胡萝卜素前体由 MEP 途径产生（Rodriguez - Concepcion，2010）。

胡萝卜中类异戊二烯生物合成途径中的 44 个基因（Iorizzo et al.，2016）和类胡萝卜素生物合成途径中的 24 个基因（Iorizzo et al.，2016；Just et al.，2007；Stange Klein and Rodriguez - Concepcion，2015）已被鉴定出具有多个旁系同源物，这表明不同的旁系同源物在不同类型的质体、组织类型或发育阶段、环境条件或通路交互机制中进化出了特定的功能（Iorizzo et al.，2016；Rodriguez - Concepcion and Stange，2013；Simpson et al.，2016b）。胡萝卜中类胡萝卜素通路基因的多样性可以解释

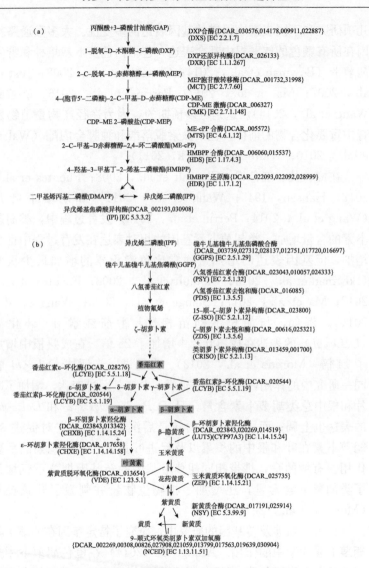

图 7.1　MEP（a）和类胡萝卜素（b）代谢途径（Simon et al.，2019）

注：酶名称、胡萝卜基因座标签在大括号中，缩写在小括号中，酶委员会编号在方括号中。

几项研究和不同表型中报道的基因表达的多变性。大多数通路基因在所有颜色的储藏根中都会表达，包括白色萝卜栽培种和野生胡萝卜（Bowman et al.，2014；Clotault et al.，2008；Just et al.，2007；Ma et al.，2017；Perrin et al.，2016、2017a；Wang et al.，2014）。这是可以预期的，因为途径产物是植物发育中重要化合物的前体，包括激素脱落酸和独脚金内酯（Walter et al.，2010；Walter and Strack，2011）。

在橙、黄、红色根（Clotault et al.，2008；Fuentes et al.，2012；Hansen，1945；Wang et al.，2014）和胡萝卜叶片（Wang et al.，2014；Perrin et al.，2016）发育过程中，类胡萝卜素的含量增加。类胡萝卜素基因的相对表达在发育过程中也会增加，但基因表达的增加量通常比色素积累的增加量少很多（Bowman et al.，2014；Clotault et al.，2008；Fuentes et al.，2012；Ma et al.，2017；Stange et al.，2008；Wang et al.，2014）。例如，与胡萝卜幼苗相比，番茄红素 β - 环化酶（*DcLcyb1*）的表达在成熟叶片中增加了 25 倍，在成熟根中增加了 14 倍（Moreno et al.，2013）。为了进一步评估 *DcLcyb1* 在同一研究中的作用，将转基因胡萝卜中该基因过表达，增加了叶片和根中总类胡萝卜素含量，且 *DcPsy1*、*DcPsy2* 和 *DcLcyb2* 的表达也上调；而 *DcLcyb1* 的转录后沉默证明了它对促进 β - 胡萝卜素在叶和根中的积累以及促进叶黄素在叶中积累的重要作用。有趣的是，携带相同胡萝卜基因的转基因烟草不仅增加了类胡萝卜素含量，还增加了植物生物量并刺激了开花提早（Moreno et al.，2016）。

在另一项涉及转基因的研究中，研究了特定基因在胡萝卜类胡萝卜素代谢中的作用。Arango 等（2014）在橙色胡萝卜中过表达胡萝卜素羟化酶 *CYP97A3* 以便更好地理解为什么橙色胡萝卜相对于其他植物的根和叶中 α - 胡萝卜素含量高。他们观察到未转基因的橙色胡萝卜叶片中 α - 胡萝卜素含量比野生和栽培种白根胡萝卜的叶片中高 10 倍以上；在转基因橙色胡萝卜中，*CYP97A3* 的过表达导致叶片中 α-胡萝卜素含量降低，与未转化的野生胡萝卜相似。在转化的橙色胡萝卜根中类胡萝卜素水平也显著降低，尽管 PSY 蛋白水平未降低，*PSY* 基因表达也没有降低。这暗示了类胡萝卜素代谢中存在反馈系统。

胡萝卜生长环境中的一个显著变化，即让生长中的储藏根暴露在光照下，确实显著改变了胡萝卜中类胡萝卜素的积累和基因表达。当胡萝卜储藏根在发育过程中暴露在光照下时，叶绿体的发育代替了有色体发育，并且根中类胡萝卜素的组成和积累模式变得更像叶片组织，而不是地下根中典型的有色体发育模式（Fuentes et al.，2012；Stange et al.，2008；Stange Klein and Rodriguez-Concepcion，2015）。这个过程类似于在黑暗中生长然后暴露在光下的幼苗去黄化过程中基因的表达模式（Rodriguez-Concepcion and Stange，2013）。胡萝卜根的形态也随着光照而发生变化，且胡萝卜素含量和大多数类胡萝卜素代谢通路基因的转录水平都降低。同样地，在非最适的光照和温度条件下叶片和根中类胡萝卜素的含量也会降低（Perrin et al.，2016）。通过胡萝卜叶片中类胡萝卜素基因和肉质根中八氢番茄红素去饱和酶基因（*PDS*）与玉米黄质环氧酶基因（*ZEP*）转录水平上的变化，可以解释这种积累减少的原因。然而，在联合环境胁迫下（黑斑病和水分胁迫），类胡萝卜素基因转录水平的变化并不能解释类胡萝卜素含量的差异（Perrin et al.，2017b），说明除该途径之外的其他调控机制也参与其中。

根据在胡萝卜不同遗传资源和品种中观察到的类胡萝卜素组成和颜色的广泛差异，几项研究评估了不同颜色的胡萝卜中类胡萝卜素基因表达差异。如前所述，通路基因表达的变化并不能解释不同颜色储藏根中类胡萝卜素组分的多样化差异，但基因表达的几种趋势确实遵循类胡萝卜素积累的模式。在评估白色和橙色胡萝卜中类胡萝卜素通路基因表达的研究中，橙色

胡萝卜中 *PSY1* 和 *PSY2* 表达量变化始终比白色胡萝卜高出2～4倍（Bowman et al.，2014；Clotault et al.，2008；Wang et al.，2014）。Clotault 等（2008）的研究表明，黄色胡萝卜中番茄红素 ε-环化酶基因（*LCYE*）和 ζ-胡萝卜素去饱和酶基因（*ZDS*）的表达高于橙色或白色胡萝卜。而 Ma 等（2017）观察到黄色品种中参与叶黄素形成的基因表达水平高于橙色品种。Perrin 等（2017a）发现在对照条件下生长的植物，类胡萝卜素基因的表达变化模式类似于韧皮部组织中类胡萝卜素的积累模式。

在 MEP 和 MVA 途径的基因中，1-脱氧-d-木酮糖-5-磷酸（DXP）合成酶1基因（*DXS1*）是唯一一个随着胡萝卜根中类胡萝卜素含量增加而上调的基因（Iorizzo et al.，2016）。拟南芥中的几项研究确定 *DXS* 基因在类异戊二烯生物合成中发挥调节作用（Rodriguez-Concepcion and Boronat，2015），由于 Simpson 等（2016a）发现在转基因胡萝卜中表达的拟南芥 *DXS* 基因是类胡萝卜素生产的限速酶。后一项研究还观察到作为 *DXS* 基因调控体系的一部分，*PSY* 基因转录增加了，反映了 *PSY* 基因在类胡萝卜素代谢中的重要作用（Cazzonelli and Pogson，2010；Li et al.，2016；Lu and Li，2008；Nisar et al.，2015；Welsch et al.，2000；Yuan et al.，2015），且与白色胡萝卜根相比，橙色肉质根中 *PSY* 基因上调表达（Bowman et al.，2014；Wang et al.，2014）。

几项研究中进行了不同颜色根中类胡萝卜素基因序列变异评估。基于类胡萝卜素基因核苷酸变异的胡萝卜多样性表明了颜色在胡萝卜驯化中的重要作用（Clotault et al.，2010）。Clotault 等（2012）评估了来自全球的 46 种不同根色胡萝卜中 7 个类胡萝卜素基因的序列变异，并观察到 PDS 和 IPP 异构酶基因（*IPI*）选择水平不同的证据，这两种酶位于类胡萝卜素合成途径的上游。他们还发现胡萝卜素异构酶基因（*CRTISO*）、

LCYB1 和 *LCYE* 的平衡选择证据，这几种酶在通路中与番茄红素较近，*LCYB1* 的序列变异在不同颜色组之间有所不同，表明它是在驯化过程中选择的，但并没有一种序列变异模式指向类胡萝卜素通路中的基因可以解释颜色的变异。Soufflet - Freslon 等（2013）在胡萝卜育种历史中发现了 *CRTISO* 基因多态性平衡选择的一个特征，该特征与全球收集的白色、黄色、橙色、红色和紫色胡萝卜根的颜色相关，而与地理来源无关。Jourdan 等（2015）对 67 个地理来源和表型不同的胡萝卜品种与 17 个类胡萝卜素基因进行了关联分析，结果发现，α-胡萝卜素含量与质体末端氧化酶（PTOX）和 CRTISO 的多态性相关联，总类胡萝卜素含量和 β-胡萝卜素含量与 ZEP、PDS 和 CRTISO 的多态性相关联。由于 *ZEP* 和 *PDS* 基因分别与 *Y* 和 *Y_2* 基因位于同一条染色体上，因此可能是遗传连锁（Just et al.，2007）导致了这些关联。

7.2　胡萝卜中类胡萝卜素的遗传基础

胡萝卜颜色是由类胡萝卜素决定的，这是早期胡萝卜育种者注意到的第一个特征，表明橙色栽培胡萝卜与野生胡萝卜发生过杂交（Vilmorin，1859）。Vilmorin 还指出白色相对橙色为显性。Borthwick 和 Emsweller 在黄色和白色栽培胡萝卜杂交的研究中观察到白色相对黄色为显性（Borthwick and Emsweller，1933；Emsweller et al.，1935）。Emsweller 等（1935），Lamprecht 和 Svensson（1950）都认为肉质根黄色对橙色为完全显性，由单基因控制。Katsumata 等（1966）认为在橙色与红色杂交后代中橙色为显性性状。笔者在对红色与橙色胡萝卜杂交后代的遗传分析中也得出了相同的结论（数据未发表）。

在 20 世纪 60 年代末到 80 年代初的一系列研究中，W. H. Gabelman 和他的学生确定并命名了几个控制胡萝卜肉质根颜色的基因。Laferriere 和 Gabelman（1968）以及 Imam 和 Gabelman（1968）在多个群体中发现 1 个单显性基因控制黄色和白色的遗传，白色对黄色为显性，在白色和橙色杂交的 F_2、F_3 代中分离出白色、黄色和橙色后代。在早期研究中观察到单基因的遗传模式控制黄色和橙色，黄色对橙色为显性。Kust（1970）将控制白色对黄色为显性的基因命名为 Y，控制白色×橙色胡萝卜中降低木质部颜色的 2 个显性基因命名为 Y_1 和 Y_2。他还命名了 2 个增强韧皮部颜色的基因 O 和 IO。Buishand 和 Gabelman（1979）在分离群体中证实了这些结果，并将观察范围扩大到橙色×白色杂交后代的韧皮部和木质部的色素累积中。在以下所有情况下，白色×橙色、白色×黄色、黄色×橙色杂交后代中的显性等位基因都减少了类胡萝卜素的积累。

除了白色×橙色和白色×黄色杂交之外，Umiel 和 Gabelman（1972）观察到橙色对红色为显性，与 Katsumata 等（1966）报道的一样。在红色×橙色杂交 F_2 代和回交群体中，他们发现 2 个被命名为 A 和 L 的基因控制后代中番茄红素和 α-胡萝卜素的积累。Buishand 和 Gabelman（1980）观察到的分离模式反映了 3 个主要基因在红色×黄色后代中分离：Y_2，抑制类胡萝卜素的合成；L，促进番茄红素的合成；A_1，其作用类似于 Kust（1970）描述的 O 或 IO。

Gabelma 的研究建立了几个有价值的胡萝卜颜色的基本遗传原则，这些原则都与类胡萝卜素有关。根据表型对 Y 和 Y_2 基因的研究仍在继续，但尚未报道 L、O 和 IO 的后续研究。控制 α-胡萝卜素积累的 A_1 突变体已经通过转基因胡萝卜确定了其特征，相对于 β-胡萝卜素的含量而言，橙色胡萝卜中胡萝卜素羟化酶 CYP97A3 的缺失导致了 α-胡萝卜素增加（Arango et al.，2014）。在该研究中，他们还评估了大量不同胡萝卜中 CYP97A3 基因组序列，发现该基因中的移码突变仅发生在橙色胡萝卜中。

这解释了人们长期以来一直在橙色胡萝卜中观察到的 α-胡萝卜素含量高的遗传和分子机理。

除了表征胡萝卜驯化过程中建立的类胡萝卜素所产生的典型颜色的生化和分子基础的研究之外，Goldman 和 Breitbach（1996）还鉴定并表征了一种新发现的、自然产生的橙色胡萝卜突变体，该突变体由一个 rp 隐性基因控制。该基因将储藏根中 α-胡萝卜素和 β-胡萝卜素含量降低了 90% 以上，将 α-生育酚含量降低了 25%~43%，而提高了八氢番茄红素的含量（Koch and Goldman，2005）。在 $rprp$（$reduced - pigment$，浅色系表型）植物发育早期，叶片褪绿甚至白色，但第六片叶是典型的绿色。在控制类胡萝卜素颜色的基因中，与 rp 突变有关的植物活性降低表现得独一无二。有人提出 rp 突变体抑制类胡萝卜素通路（Goldman and Breitbach，1996），但这尚未得到验证。由于 rp 的独特性质，进一步确定其特征可能提供对胡萝卜中类胡萝卜素代谢的独特见解。

Simon（1992）建立了类胡萝卜素的作图群体，用于评估 Y_2 与控制糖和花青素积累的基因的连锁关系，并在 3 个橙色×黄色杂交群体中确认了 Y_2 的单基因遗传。该基因被命名为 Y_2 是因为观察到的表型最符合 Buishand 和 Gabelman（1979）对该性状的早期描述（图 7.2、彩图 4）。为了促进育种项目中类胡萝卜素积累基因的表型鉴定，在黄色×橙色杂交中与 Y_2 连锁的 AFLP 片段被转化为该基因的 PCR 标记（Bradeen and Simon，1998）。随后很快进行了一项定位研究，也利用了 AFLPs，将控制橙色和类胡萝卜素含量的 Y_2 基因首次定位在遗传图谱上（Vivek and Simon，1999）。在这些研究中，基于视觉评分的根色和基于高效液相色谱分析（HPLC）的胡萝卜素含量都被用于定位的表型鉴定中。

为了在胡萝卜遗传图谱上定位更多控制胡萝卜中类胡萝卜素积累的基因，Santos 和 Simon（2002）利用 AFLP 标记在 2 个不

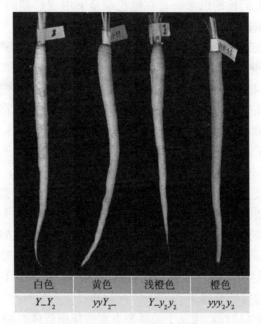

白色	黄色	浅橙色	橙色
Y_Y_2	yyY_2-	$Y\_y_2y_2$	yyy_2y_2

图7.2　用于分离 Y 和 Y_2 基因的 B493 × QAL 定位群体中的白色、黄色、浅橙色和橙色胡萝卜（从左到右）的表型和基因型（Simon et al.，2019）

相关的群体中定位由 HPLC 测定的单个胡萝卜素含量基因。他们的研究结果表明，橙色的8个QTL与α-胡萝卜素含量相关、3个QTL与β-胡萝卜素含量相关。其中1个与β-胡萝卜素含量相关的QTL在2个群体中都被检测到。他们还指出在几个QTL中，有4种类胡萝卜素（八氢番茄红素、番茄红素、β-胡萝卜素和α-胡萝卜素）都与同一个QTL相关。在此之前，胡萝卜中对于类胡萝卜素的遗传分析通常假设促进类胡萝卜素积累的基因是类胡萝卜素生物合成途径中的基因，正如在其他几种作物中观察到的那样。大量研究表明，胡萝卜类胡萝卜素基因可能不是通路基因，而是调节类胡萝卜素积累的基因（Santos et al.，

2005)。

Santos 和 Simon（2006）报道了他们研究的 2 个群体中单个类胡萝卜素和总类胡萝卜素含量的广义遗传力值。所使用的作图群体之一是野生白根胡萝卜（QAL）和 B493（一种深橙色的栽培胡萝卜）的杂交群体，该杂交群体的后代 Y 和 Y_2 基因分离。另一个作图群体是类胡萝卜素含量在平均水平的橙色胡萝卜"Brasilia"和高类胡萝卜素的深橙色胡萝卜（HCM）杂交的群体，因此，所有后代都是 $yyy_2 y_2$，但分离的数量位点导致 2 个亲本之间的类胡萝卜素含量约有 5 倍差异。B493×QAL 群体的类胡萝卜素总含量的遗传力值范围为 0.89～0.98，而"Brasilia"×HCM 群体的遗传力值范围为 0.38～0.45，表明 Y 和 Y_2 基因对 B494×QAL 后代群体的影响较大。相同的橙色胡萝卜遗传群体的类胡萝卜素含量在不同环境中可能有 2 倍的差异（Perrin et al.，2016、2017b；Simon and Wolff，1987），这为"Brasilia"×HCM 群体中的低遗传力提供了合理的解释。

为了评估胡萝卜中类胡萝卜素生物合成基因和类胡萝卜素颜色基因之间的关系，Just 等（2007、2009）利用野生白根胡萝卜（QAL）和 B493（深橙色栽培胡萝卜）杂交得到的群体定位了 22 个假定的编码类胡萝卜素酶的基因，这个群体是 Santos 和 Simon（2002）使用的群体之一。在该群体中，橙色、黄色和白色根颜色的分离模式符合双基因模型。这 2 个基因包括由 Bradeen 和 Simon（1998）在连锁群 5 上定位的 Y_2 基因和连锁群 2 上定位的另一个基因 Y，因为它的表型最符合 Gabelman 组成员对 Y 基因的描述。Y 基因与 ε-环胡萝卜素羟化酶（$CHXE$）、9-顺式-环氧类胡萝卜素双加氧酶 2（$NCED2$）连锁，与 PDS 基因的距离较远；Y_2 基因与 ZEP 和 ZDS 基因连锁。这些位点由于连锁不是很紧密被认为是位置候选（Just et al.，2009）。

胡萝卜基因组的测序（Iorizzo et al.，2016）提出了 Y 基因的候选基因。Just（2004）从 B493×QAL 衍生出的群体中筛选橙色（yyy_2y_2）与淡橙色（YYy_2y_2）杂交后代的分离群体进行单基因性状的精细定位，利用另一个不同群体中黄色（yyY_2Y_2）和白色（YYY_2Y_2）根群体进行精细定位（图 7.2）发现，这 2 个性状都定位在 5 号染色体的同一个 75 kb 区域，该区域为 Just 等（2009）鉴定的 Y。虽然认为黄色（yyY_2Y_2）对白色（YYY_2-Y_2）为单基因控制，但在这个研究之前淡橙色表型并不确定与 YYy_2y_2 基因型相关，因为在早期的表型鉴定中它与橙色（yyY_2-Y_2）并没有明确的区分。通过差异表达分析和序列多态性分析，鉴定出控制 Y 位点的候选基因为 DCAR＿032551（Iorizzo et al.，2016）。该基因在这个群体中 yy 型单株中上调，并与类异戊二烯途径中的 2 个基因 DXS1 和 LCYE 及参与光合系统激活、质体生物发生和非光合肉质根中意外发现的叶绿素代谢的相关基因共表达。拟南芥中 Y 候选基因的同源基因在光照条件下具有黄化表型，并与直接参与光响应/光形态发生调控的基因相互作用（Ichikawa et al.，2006）。有趣的是，DXS1 的表达受光照诱导（Cordoba et al.，2011；Kim et al.，2005），它催化光合代谢中类胡萝卜素前体的生物合成（Estévez et al.，2001；Saladié et al.，2014）。基于这些信息，Iorizzo 等（2016）假设隐性等位基因（yy）解除了在黄化根中发现的光形态发育的抑制，之后诱导 DXS1 的过表达，从而导致类胡萝卜素的生物合成。该模型将解释前面描述的暴露于光下的橙色胡萝卜根中观察到的光诱导变化，但该模型还有待验证（Fuentes et al.，2012；Stange et al.，2008；Stange Klein and Rodriguez‐Concepcion，2015）。

除了 Y 基因外，Y_2 基因也在早期研究的 B493 × QAL 群体中分离出来（Just et al.，2009）。利用精细定位和转录组分析相结合的方法，对该杂交后代群体衍生的一个 y 位点纯合 Y_2

位点分离的群体进行了分析，Y_2 被定位到一个 650 kb 的区域，其中包括 72 个预测基因（Ellison et al.，2017）。对播种后 40 d 和 80 d 的肉质根进行转录组分析，类胡萝卜素代谢途径中的一些基因在橙色（yyy_2y_2）根中差异表达，但在黄色（$yyyY_2Y_2$）根中未差异表达。这些基因包括 $PSY1$、$PSY3$、牻牛儿基牻牛儿基焦磷酸合酶 1（$GPPS1$）、叶黄素缺乏 5（$LUT5$）、类胡萝卜素裂解双加氧酶 1（$CCD1$）、新黄素合酶 1（$NSY1$）和 2 个细胞色素基因，但这些基因都不在 650 kb 的定位区间内。该区域内唯一的 MEP 或类胡萝卜素通路基因是 DXP 还原异构酶基因（DXR）（Iorizzo et al.，2016），但在橙色和黄色胡萝卜之间表达没有差异。在精细定位的区域内，有 17 个基因差异表达，其中只有 4 个基因在 40 d 和 80 d 时都有差异表达。在这 4 个基因中，只有 1 个在橙色根中的表达低于黄色根，即蛋白脱水诱导的 19 同源物 5（$Di19$）（$DCAR\_026175$）。拟南芥 $Di19$ 基因家族的成员可以以 ABA 非依赖方式发挥功能，并受其他非生物刺激物如 $AtDi19$-7 的调控，该基因与调节光信号和反应有关（Milla et al.，2006）。因此，$Di19$ 表达的改变可能会影响光形态发生过程中叶绿素和类胡萝卜素的协同产生。650 kb 区域中大量的候选基因仍需要利用其他方法来确认 y_2 明确的候选基因。

最近通过对来自不同地域、不同颜色的 154 个野生胡萝卜和 520 个人工栽培胡萝卜的关联分析中鉴定了另一个控制胡萝卜根中类胡萝卜素积累的基因。利用 GBS（基因分型测序）对这些胡萝卜的基因组特征进行了评估。3 号染色体 143 kb 的基因组区域被鉴定出与胡萝卜素的存在相关联，该区域不包含 MEP 或类胡萝卜素基因，但包含 Or 基因。Or 对于有色体发育很重要，而有色体又为花椰菜、甘薯和拟南芥中类胡萝卜素的积累提供了库（Li et al.，2016；Lu and Li，2008；Sun et al.，2018；Yuan et al.，2015），也为胡萝卜提供类似的功能。有趣的是，在这项研究中观察到的 Or 基因的等位变异在中亚栽培的胡萝卜中比欧洲栽培的胡萝卜更为常见，而中亚是胡萝卜的多样性中心（Iorizzo et al.，2013）。在橙色胡萝卜背景（$yyy_2 y_2$）中，野生型 Or（Orw）等位基因纯合时，表现为黄色，杂合型为浅橙色，$Or_c Or_c yyy_2 y_2$ 基因型的储藏根为黄色，其中 Or_c 表示 Or 栽培种的等位基因（图 7.3、彩图 5）。这表明 Or 基因在欧洲胡萝卜的发育中被固定下来，但 Or 基因的变异显然在中亚胡萝卜驯化的早期发挥了作用。与 Or 等位基因变异相关的基因表达和表型评估正在进行中。

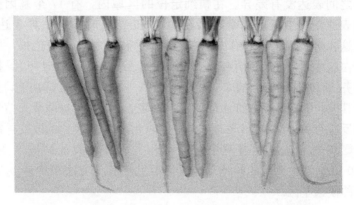

图 7.3　来自一个 Or 基因分离但 y 和 y_2 位点纯合隐性的
作图群体中橙色、浅橙色和黄色胡萝卜的表型
（从左到右）（Simon et al.，2019）

　　笔者以"Red1"红色肉质根自交系（母本）和"FN26"橙色肉质根自交系（父本）杂交构建 F_2、F_3 及 F_4 代家系。通过对 F_2 群体的番茄红素含量性状进行关联分析，所有染色体上都检测到显著相关的 SNP 位点（$P < 1.33 \times 10^{-6}$），其中 1 号和 3 号染色体上分别检测到 1 697 个和 1 696 个，1 号染色体上单个

SNP 可解释的表型变异率（R^2）为 25.6%～52.5%，3 号染色体上单个 SNP 可解释的表型变异率（R^2）为 25.2%～65.2%。将 1 号和 3 号染色体上的这 2 个显著关联区域命名为 Lyco1.1 和 Lyco3.1，Lyco1.1 内最显著的 SNP 位置为 31 845 645 bp，Lyco3.1 内最显著的 SNP 位置为 4 807 080 bp。对 285 个 F_2、F_3 和 F_4 联合群体单株番茄红素含量性状进行关联分析，也分别在 1 号和 3 号染色体上检测到显著相关的 SNP 位点（$P < 7.47 \times 10^{-7}$）110 个和 35 个，且这些位点分别位于 Lyco1.1 和 Lyco3.1 区域内，Lyco1.1 内最显著的 SNP 位置为 31 740 562 bp，Lyco3.1 内最显著的 SNP 位置为 4 842 544 bp，1 号染色体上单个 SNP 可解释的表型变异率（R^2）为 8.8%～9.1%，3 号染色体上单个 SNP 可解释的表型变异率（R^2）为 10.0%～12.8%。两个群体不同年份都检测到 Lyco1.1 和 Lyco3.1 两个主效的 QTL 位点，且最显著的 SNP 位点较近。之后，利用 10 份红色高番茄红素种质资源、10 份橙色和 10 份黄色低番茄红素种质资源进行全基因组重测序，在 Lyco1.1 包含最显著 SNP 位点的 35.6 Mb～37.5 Mb 区间内和 Lyco3.1 包含最显著 SNP 位点的 3.9 Mb～5.9 Mb 区间内筛选红色高番茄红素材料编码区的变异位点，在 Lyco1.1 的区间内有 5 个基因编码区的 7 个位点和 Lyco3.1 的区间内有 33 个基因编码区的 111 个位点引起了非同义突变。对这 118 个 SNP 变异位点设计 KASP 引物，并在 28 份红色高番茄红素材料和 26 份非红色低番茄红素胡萝卜种质材料中进行基因分型。结果表明，1 号染色体的 *DC_Chr1.02725* 和 3 号染色体的 *DC_Chr3.10274* 分别与控制番茄红素的 2 个主效 QTL 位点 Lyco1.1 和 Lyco3.1 紧密连锁，在 54 份来源和类型不同的胡萝卜资源中，对高番茄红素红色胡萝卜检测的准确率达到 94.4%，而 2 个标记所在的基因 *DCv3_Chr1.02725* 和 *DCv3_Chr3.10274* 分别是这 2 个位点的候选基因。*DCv3_Chr1.02725* 编码叶绿体 *FAD* 合成酶，*DCv3_Chr3.10274* 编码 I 类热休克蛋白，但其作用机理仍在研

究中（数据未正式发表）。

7.3 小结

　　类胡萝卜素对光合作用至关重要，也是所有膳食维生素 A 的最终来源。类胡萝卜素解释了橙色、黄色和红色胡萝卜根颜色的多样性，因此，它们是胡萝卜中研究最广泛的一类化合物，人们已在不同的遗传背景和环境中对其生物合成和积累进行了评估。2-C-甲基-D-赤藓糖醇-4-磷酸途径（MEP）和类胡萝卜素生物合成途径中的许多基因已在胡萝卜中进行了鉴定和表征。这些途径中的基因在所有颜色胡萝卜中均有表达，包括只含有微量类胡萝卜素的白胡萝卜。所有颜色胡萝卜根中的类胡萝卜素途径中基因的活性功能是可以预期的，由于途径产物是植物发育中重要激素的前体。MEP 途径中的 1-脱氧-d-木酮糖-5-磷酸合酶基因（DXS）以及类胡萝卜素途径中的八氢番茄红素合成酶基因和番茄红素环化酶基因（PSY、$LCYB$）对相应的途径提供了一定程度的总体调节或控制。这些基因在类胡萝卜素含量较高的胡萝卜中逐渐上调，但它们表达量变化并不能解释不同颜色胡萝卜中类胡萝卜素的不同含量和组成。相比之下，Y 和 Y_2 基因的遗传多样性在很大程度上解释了白色、黄色和橙色胡萝卜中类胡萝卜素积累的变异，并且随着胡萝卜基因组的测序，这些基因的遗传基础将被逐渐揭示。Y 基因的候选基因 $DCAR\_032551$ 不是 MEP 或类胡萝卜素生物合成途径中的一员，而是光系统发育和类胡萝卜素储存的调节剂。Y_2 基因的候选基因尚未确定，但在 Y_2 精细定位区间内未发现类胡萝卜素生物合成基因。调节其他作物有色体发育的 Or 基因也被认为与胡萝卜中类胡萝卜素的存在有关。红色胡萝卜是由 1 号染色体 Lyco1.1 和 3 号染色体的 Lyco3.1 两个 QTL 控制的，$DCv3\_Chr1.02725$ 和 $DCv3\_Chr3.10274$ 分别是这两个位点的候选基因。$DCv3\_Chr1.02725$ 编码叶绿体

FAD合成酶，*DCa3 _ Chr3. 10274* 编码Ⅰ类热休克蛋白。在已有的研究中还未发现，任何一个类胡萝卜素代谢途径的基因控制胡萝卜中类胡萝卜素的合成，说明胡萝卜中类胡萝卜素的合成有自己独特的方式。

主要参考文献

邓永平，段睿，王晓杰，等，2020. 微生物源类胡萝卜素的研究进展 [J].
　饲料工业，41（1）：12-17.

董宏伟，吴旻，赵艳丽，等，2016. β-胡萝卜素对肠上皮细胞紧密连接作
　用的研究 [J]. 黑龙江畜牧兽医（3）：109-110.

董旭丽，张慧，徐公世，2006. 玉米黄素及生理功能 [J]. 中国食品添加剂
　（2）：83-86.

范锦勤，2009. 番茄红素对人体生理及运动机能的影响 [J]. 韶关学院学
　报，30（9）：107-110.

高丽，李颖，谢寅峰，等，2013. 独脚金内酯调控植物侧枝发育的分子机
　制及其与生长素交互作用的研究进展 [J]. 植物资源与环境学报，22
　（4）：98-104.

葛可佑，翟凤英，闻怀成，等，1995. 90 年代中国人群的膳食与营养状况
　[J]. 营养学报，17（2）：123-134.

何晓童，2018. 低温弱光对红芸豆幼苗生理及叶片结构的影响 [D]. 兰州：
　甘肃农业大学.

李永纪，2006. 类胡萝卜素的生理功效 [J]. 微量元素与健康研究
　（6）：73.

马爱国，1996. 抗氧化营养素对 DNA 损伤的保护作用 [J]. 青岛医学院学
　报，32（2）：95-97.

马乐，林晓明，2008. 叶黄素干预对长期荧屏光暴露者视功能的影响 [J].
　营养学报，30（5）：438-442.

孟哲，刘红云，2007. 叶黄素简介 [J]. 化学教育（3）：3-4、24.

潘晓威，叶剑芝，苏子鹏，等，2018. 番茄红素生物学功能研究进展及应
　用前景 [J]. 现代农业科技（1）：237-238、240.

王超，王文秀，张兵涛，2012. 小麦叶片色素的分离与理化性质研究 [J].

湖南农业科学（21）：39-42.

王永华，梁世中，2000. 类胡萝卜素的结构和生理功能研究 [J]. 广州食品工业科技（4）：1-4.

吴轲，孙涵潇，蔡美琴，2019. 类胡萝卜素对母婴健康影响的研究进展 [J]. 上海交通大学学报（医学版），39（8）：929-932.

徐艳钢，喻宜洋，2004. 番茄红素生物学功能研究进展 [J]. 现代预防医学（5）：725-727.

杨依锦，王俊平，王津，等，2012. 重金属铅酶联免疫检测方法的研究 [J]. 食品与机械，28（3）：80-83.

杨月欣，2005. 中国食物成分表 [M]. 北京：北京大学医学出版社.

张建成，刘和，2007. 植物类胡萝卜素生物合成及其调控与遗传操作 [J]. 中国农学通报（11）：211-218.

朱秀灵，车振明，徐伟，等，2005. β-胡萝卜素生理功能及提取技术的研究进展 [J]. 西华大学学报（自然科学版）（1）：71-76.

Achir N, Randrianatoandro V A, Bohuon P, et al, 2010. Kinetic study of β-carotene and lutein degradation in oils during heat treatment [J]. Eur J Lipid Sci Technol (112)：349-361.

Adami M, De Franceschi P, Brandi F, et al, 2013. Identifying a carotenoid cleavage dioxygenase (*ccd4*) gene controlling yellow/white fruit flesh color of peach [J]. Plant Mol Biol Report, 31 (5)：1166-1175.

Ahrazem, Rubio-Moraga, Berman, et al, 2016. The carotenoid cleavage dioxygenase CCD2 catalysing the synthesis of crocetin in spring crocuses and saffron is a plastidial enzyme [J]. New Phytol, 209 (2)：650-663.

Al-Babili S, Bouwmeester H J, 2015. Strigolactones, a novel carotenoid-derived plant hormone [J]. Annu. Rev. Plant Biol (66)：161-186.

Alquézar B, Rodrigo M J, Lado J, et al, 2013. A comparative physiological and transcript-tional study of carotenoid biosynthesis in white and red grapefruit (*Citrus paradisi* Macf) [J]. Tree Genet Genomes, 9 (5)：1257-1269.

Álvarez D, Voß B, Maass D, et al, 2016. Carotenogenesis is regulated by 50 UTR-mediated translation of phytoene synthase splice variants [J]. Plant Physiol, 172 (4)：2314-2326.

Ampomah – Dwamena C, Dejnoprat S, Lewis D, et al, 2012. Metabolic and gene expression analysis of apple (*Malus domestica*) carotenogenesis [J]. J Exp Bot, 63 (12): 4497 – 4511.

Ampomah – Dwamena C, McGhie T, Wibisono R, et al, 2009. The kiwifruit lycopene beta – cyclase plays a significant role in carotenoid accumulation in fruit [J]. J Exp Bot (60): 3765 – 3779.

Arango J, Jourdan M, Geoffriau E, et al, 2014. Carotene hydroxylase activity determines the levels of both α – carotene and total carotenoids in orange carrots [J]. Plant Cell, 26 (5): 2223 – 2233.

Ariizumi T, Kishimoto S, Kakami R, et al, 2014. Identification of the carotenoid modifying gene *PALE YELLOW PETAL* 1 as an essential factor in xanthophyll esterification and yellow flower pigmentation in tomato (*Solanum lycopersicum*) [J]. Plant J, 79 (3): 453 – 465.

Arscott S A, Tanumihardjo S A, 2010. Carrots of many colors provide basic nutrition and bioavailable phytochemicals acting as a functional food [J]. Compr Rev Food Sci Food Saf (9): 223 – 239.

Avendano – Vazquez A O, Cordoba E, Llamas E, et al, 2014. An uncharacterized apocarotenoid – derived signal generated in zeta – carotene desaturase mutants regulates leaf development and the expression of chloroplast and nuclear genes in *Arabidopsis* [J]. Plant Cell, 26 (6): 2524 – 2537.

Bai C, Capell T, Berman J, et al, 2016. Bottlenecks in carotenoid biosynthesis and accumulation in rice endosperm are influenced by the precursor product balance [J]. Plant Biotechnol. J, 14 (1): 195 – 205.

Bai C, Rivera S M, Medina V, et al, 2014. An in vitro system for the rapid functional characterization of genes involved in carotenoid biosynthesis and accumulation [J]. Plant J, 77 (3): 464 – 475.

Bai C, Twyman R M, Farré G, et al, 2011. A golden era – pro – vitamin A enhancement in diverse crops [J]. In Vitro Cell. Dev. Biol. Plant (47): 205 – 221.

Baldermann S, Kato M, Fleischmann P, et al, 2012. Biosynthesis of α – and β – ionone, prominent scent compounds, in flowers of osmanthus fragrans [J]. Acta Biochim Pol, 59 (1): 79 – 81.

Barsan C, Zouine M, Maza E, et al, 2012. Proteomic analysis of chloroplast - to - chromoplast transition in tomato reveals metabolic shifts coupled with disrupted thylakoid biogenesis machinery and elevated energy - production components [J]. Plant Physiol (160): 708 - 725.

Bechors, Zolberg Relevy N, Harari, et al, 2016. 9 - cis - β - carotene increased cholesterol efflux to HDL in macrophages [J]. Nutrients, 8 (7): 435.

Beisel K G, Jahnke S, Hofmann D, et al, 2010. Continuous turnover of carotenes and chlorophyll a in mature leaves of *Arabidopsis* revealed by 14 CO_2 pulse - chase labeling [J]. Plant Physiol (152): 2188 - 2199.

Beltrán J, Kloss B, Hosler J P, et al, 2015. Control of carotenoid biosynthesis through a heme - based cis - trans isomerase [J]. Nat Chem Biol (11): 598 - 605.

Berman J, Zorrilla - López U, Farré G, et al, 2014. Nutritionally important carotenoids as consumer products [J]. Phytochem Rev, 14 (5): 727 - 743.

Berman J, Zorrilla - López U, Medina V, et al, 2017. The Arabidopsis *ORANGE* (*AtOR*) gene promotes carotenoid accumulation in transgenic corn hybrids derived from parental lines with limited carotenoid pools [J]. Plant Cell Rep, 36 (6): 933 - 945.

Bhuiyan N H, Van Wijk K J, 2017. Functions and substrates of plastoglobule - localized metallopeptidase PGM48 [J]. Plant Signal. Behav, 12 (6): 3020 - 3037.

Bhuvaneswari S, Arunkumar E, Viswanathan P, et al, 2010. Astaxanthin restricts weight gain, promotes insulin sensitivity and curtails fatty liver disease in mice fed an obesity - promoting diet [J]. Process Biochemistry, 45 (8): 1406 - 1414.

Bian Q N, Gao S S, Zhou J L, 2012. Lutein and zeaxanthin supplementation reduces photooxidative damage and modulates the expression of inflammation - related genes in retinal pigment epithelial cells [J]. Free Radical Biology & Medicine, 53 (6): 1298 - 1307.

Blas A L, Ming R, Liu Z, et al, 2010. Cloning of the papaya chromoplast specific lycopene beta - cyclase, CpCYC - b, controlling fruit flesh color reveals conserved microsynteny and a recombination hot spot [J]. Plant Physiol (152): 2013 – 2022.

Bou – Torrent J, Toledo – Ortiz G, Ortiz – Alcaide M, et al, 2015. Regulation of carotenoid biosynthesis by shade relies on specific subsets of antagonistic transcription factors and cofactors [J]. Plant Physiol, 169 (3): 1584 – 1594.

Bowman M J, Willis D K, Simon P W, 2014. Transcript abundance of phytoene synthase 1 and phytoene synthase 2 is association with natural variation of storage root carotenoid pigmentation in carrot [J]. J Am Soc Hortic Sci (139): 63 – 68.

Brandi F, Bar E, Mourgues F, et al, 2011. Study of 'Redhaven' peach and its white – fleshed mutant suggests a key role of CCD4 carotenoid dioxygenase in carotenoid and norisoprenoid volatile metabolism [J]. BMC Plant Biol (11): 24 – 37.

Britton G, Khachik F, 2009. Carotenoids in food, volume 5: Nutrition and Health [M]// Britton G, Liaaen – Jensen S, Pfander H. Carotenoids. Birkhäuser, Basel.

Bruley C, Dupierris V, Salvi D, et al. 2012. Atchloro: a chloroplast protein database dedicated to subplastidial localization [J]. Front. Plant Sci (3): 205.

Buah S, Mlalazi B, Khanna H, et al, 2016. The quest for golden bananas: investigating carotenoid regulation in a Fe'i group Musa cultivar [J]. J. Agric. Food Chem, 64 (16): 3176 – 3185.

Campbell R, Ducreux L J M, Morris W L, et al, 2010. The metabolic and developmental roles of carotenoid cleavage dioxygenase4 from potato [J]. Plant Physiol (154): 656 – 664.

Campbell R, Morris W L, Mortimer C L, et al, 2015. Optimising ketocarotenoid production in potato tubers: effect of genetic background, transgene combinations and environment [J]. Plant Sci (234): 27 – 37.

Cao H, Wang J, Dong X, et al, 2015. Carotenoid accumulation affects redox status, starch metabolism, and flavonoid/anthocyanin accumulation in citrus [J]. BMC Plant Biol, 15 (1): 27.

Cao H, Zhang J, Xu J, et al, 2012. Comprehending crystalline beta - carotene accumulation by comparing engineered cell models and the natural carotenoid - rich system of citrus [J]. J. Exp. Bot, 63 (12): 4403 - 4417.

Chayut N, Yuan H, Ohali S, et al, 2017. Distinct mechanisms of the OR-ANGE protein in controlling carotenoid flux [J]. Plant Physiol, 173 (1): 376 - 389.

Cazzonelli C I, Roberts A C, Carmody M E, et al, 2010. Transcriptional control of SET DOMAIN GROUP 8 and CAROTENOID ISOMERASE during *Arabidopsis* development [J]. Mol. Plant (3): 174 - 191.

Cazzonelli C I, Pogson B J, 2010. Source to sink: regulation of carotenoid biosynthesis in plants [J]. Trends Plant Sci (15): 266 - 274.

Chayut N, Yuan H, Ohali S, et al, 2015. A bulk segregant transcriptome analysis reveals metabolic and cellular processes associated with orange allelic variation and fruit beta - carotene accumulation in melon fruit [J]. BMC Plant Biol (15): 274.

Che P, Zhao Z Y, Glassman K, et al, 2016. Elevated vitamin E content improves all - trans β - carotene accumulation and stability in biofortified sorghum [J]. Proc. Natl. Acad. Sci. USA, 113 (50): 11040 - 11045.

Chen Y Q, Li S, Guo Y X, et al, 2020. Astaxanthin attenuates hypertensive vascular remodeling by protecting vascular smooth muscle cells from oxidative stress - induced mitochondrial dysfunction [J]. Oxidative Medicine and, Cellular Longevity (2020): 1 - 19.

Chen Z, Gallie D R, 2015. Ethylene regulates energy - dependent non - photochemical quenching in *Arabidopsis* through repression of the xanthophyll cycle [J]. PLOS ONE, 10 (12): 41.

Chiou C Y, Pan H A, Chuang Y N, et al, 2010. Differential expression of carotenoid related genes determines diversified carotenoid coloration in floral tissues of *Oncidium* cultivars [J]. Planta (232): 937 - 948.

Clotault J, Geoffriau E, Lionneton E, et al, 2010. Carotenoid biosynthesis genes provide evidence of geographical subdivision and extensive linkage disequilibrium in the carrot [J]. Theor Appl Genet (121): 659 - 672.

Clotault J, Peltier D, Soufflet - Freslon V, et al, 2012. Differential selection on carotenoid biosynthesis genes as a function of gene position in the metabolic pathway: a study on the carrot and dicots [J]. PLOS ONE, 7 (10): 13.

Cordoba E, Porta H, Arroyo A, et al, 2011. Functional characterization of the three genes encoding 1 - deoxy - D - xylulose 5 - phosphate synthase in maize [J]. J Exp Bot (62): 2023 - 2038.

Cortleven A, Marg I, Yamburenko M V, et al, 2016. Cytokinin regulates etioplast - chloroplast transition through activation of chloroplast - related genes [J]. Plant Physiol, 172 (1): 464 - 478.

Crupi P, Coletta A, Antonacci D, 2010. Analysis of carotenoids in grapes to predict norisoprenoid varietal aroma of wines from *Apulia* [J]. J Agric Food Chem (58): 9647 - 9656.

Dalal M, Chinnusamy V, Bansal K C, 2010. Isolation and functional characterization of lycopene beta - cyclase (CYC - B) promoter from *Solanum habrochaites* [J]. BMC Plant Biol (10): 61 - 76.

DeMoura F F, Miloff A, Boy E, 2015. Retention of provitamin A carotenoids in staple crops targeted for biofortification in Africa: cassava, maize and sweet potato [J]. Crit. Rev. Food Sci. Nutr, 55 (9): 1246 - 1269.

Delgado - Pelayo R, Gallardo - Guerrero L, Hornero - Méndez D, 2014. Chlorophyll and carotenoid pigments in the peel and flesh of commercial apple fruits varieties [J]. Food Res Int (65): 272 - 281.

Devitt L C, Fanning K, Dietzgen R G, et al, 2010. Isolation and functional characterization of a lycopene β - cyclase gene that controls fruit colour of papaya (*Carica papaya* L.) [J]. J Exp Bot (61): 33 - 39.

Djuikwo V N, Ejoh R A, Gouado I, et al, 2011. Determination of major carotenoids in processed tropical leafy vegetables indigenous to Africa [J]. Food Nutr Sci (2): 793 - 802.

Domonkos I, Kis M, Gombos Z, et al, 2013. Carotenoids, versatile components of oxygenic photosynthesis [J]. Prog Lipid Res, 52 (4): 539 - 561.

Egea I, Barsan C, Bian W, et al, 2010. Chromoplast differentiation: current status and perspectives [J]. Plant Cell Physiol (51): 1601 - 1611.

Egea I, Bian W, Barsan C, et al, 2011. Chloroplast to chromoplast transition in tomato fruit: spectral confocal microscopy analyses of carotenoids and chlorophylls in isolated plastids and time-lapse recording on intact live tissue [J]. Ann. Bot (108): 291-297.

Ellison S, Senalik D, Bostan H, et al, 2017. Fine mapping, transcriptome analysis, and marker development for Y_2, the gene that conditions beta-carotene accumulation in carrot (*Daucus carota* L.) [J]. G3: Genes, Genomes, Genet, 7 (8): 2665-2675.

Ellison S L, Luby C H, Corak K, et al, 2018. Carotenoid presence is associated with the *Or* gene in domesticated carrot [J]. Genetics, 210 (4): 1-12.

Enami K, Ozawa T, Motohashi N, et al, 2011. Plastid-to-nucleus retrograde signals are essential for the expression of nuclear starch biosynthesis genes during amyloplast differentiation in tobacco BY-2 cultured cells [J]. Plant Physiol (157): 518-530.

Enfissi E, Nogueira M, Bramley P M, et al, 2017. The regulation of carotenoid formation in tomato fruit [J]. Plant J, 89 (4): 774-788.

Falchi R, Vendramin E, Zanon L, et al, 2013. Three distinct mutational mechanisms acting on a single gene underpin the origin of yellow flesh in peach [J]. Plant J (76): 175-187.

Fanciullino A L, Bidel L, Urban L, 2014. Carotenoid responses to environmental stimuli: integrating redox and carbon controls into a fruit model [J]. Plant Cell Environ (37): 273-289.

Fanning K J, Topp B, Russell D, et al, 2014. Japanese plums (*Prunus salicina* Lindl.) and phytochemicals-breeding, horticultural practice, postharvest storage, processing and bioactivity [J]. J Sci Food Agric (94): 2137-2147.

Fantini E, Falcone G, Frusciante S, et al, 2013. Dissection of tomato lycopene biosynthesis through virus-induced gene silencing [J]. Plant Physiol (163): 986-998.

Faraone I, Sinisgalli C, Ostuni A, et al, 2020. Astaxanthin anticancer effects are mediated through multiple molecular mechanisms: a systematic review [J]. Pharmacological Research (155): 104689.

Farré G, Sanahuja G, Naqvi S, et al, 2010. Travel advice on the road to carotenoids in plants [J]. Plant Sci (179): 28 - 48.

Farré G, Bai C, Twyman R M, et al, 2011. Nutritious crops producing multiple carotenoids - a metabolic balancing act [J]. Trends Plant Sci (16): 532 - 540.

Farré G, Maiam Rivera S, Alves R, et al, 2013. Targeted transcriptomic and metabolic profiling reveals temporal bottlenecks in the maize carotenoid pathway that may be addressed by multigene engineering [J]. Plant J (75): 441 - 455.

Farré G, Perez - Fons L, Decourcelle M, et al, 2016. Metabolic engineering of astaxanthin biosynthesis in maize endosperm and characterization of a prototype high oil hybrid [J]. Transgenic Res (25): 477 - 489.

Finkelstein R, 2013. Abscisic acid synthesis and response [J]. Arabidopsis Book.

Fleshman M K, Lester G E, Riedl K M, et al, 2011. Carotene and novel apocarotenoid concentrations in orange - fleshed cucumis melo melons: Determinations of β - Carotene bioaccessibility and bioavailability [J]. J Agric Food Chem (59): 4448 - 4454.

Förster B, Pogson B J, Osmond C B, 2011. Lutein from deepoxidation of lutein epoxide replaces zeaxanthin to sustain an enhanced capacity for non-photochemical chlorophyll fluorescence quenching in avocado shade leaves in the dark [J]. Plant Physiol (156): 393 - 403.

Frusciante S, Diretto G, Bruno M, et al, 2014. Novel carotenoid cleavage dioxygenase catalyzes the first dedicated step in saffron crocin biosynthesis [J]. Proc Natl Acad Sci USA (111): 12246 - 12251.

Fu X, Kong W, Peng G, et al, 2012. Plastid structure and carotenogenic gene expression in red - and white - fleshed loquat (*Eriobotrya japonica*) fruits [J]. J Exp Bot (63): 341 - 354.

Fu X, Feng C, Wang C, et al, 2014. Involvement of multiple phytoene synthase genes in tissue and cultivar - specific accumulation of carotenoids in loquat [J]. J Exp Bot (65): 4679 - 4689.

Fuentes P, Pizarro L, Moreno J C, et al, 2012. Light - dependent changes in plastid differentiation influence carotenoid gene expression and accumulation in carrot roots [J]. Plant Mol Biol (79): 47 – 59.

Fujisawa M, Nakano T, Shima Y, et al, 2013. A large – scale identification of direct targets of the tomato MADS box transcription factor RIPEN-ING INHIBITOR reveals the regulation of fruit ripening [J]. Plant Cell (25): 371 – 386.

Fukamatsu Y, Tamura T, Hihara S, et al, 2014. Mutations in the CCD4 carotenoid cleavage dioxygenase gene of yellow – flesh peaches [J]. Biosci Biotechnol Biochem (77): 2514 – 2516.

Galpaz N, Burger Y, Lavee T, et al, 2013. Genetic and chemical characterization of an EMS induced mutation in *Cucumis melo* CRTISO gene [J]. Arch Biochem Biophys (539): 117 – 125.

Gayen D, Ali N, Sarkar S N, et al, 2015. Down – regulation of lipoxygenase gene reduces degradation of carotenoids of golden rice during storage [J]. Planta (242): 353 – 363.

Gemmecker S, Schaub P, Koschmieder J, et al, 2015. Phytoene desaturase from *Oryza sativa*: oligomeric assembly, membrane association and preliminary 3D – analysis [J]. PLOS ONE, 7 (10): 22.

Giuffrida D, Dugo P, Salvo A, et al, 2010. Free carotenoid and carotenoid ester composition in native orange juices of different varieties [J]. Fruits, 6 (5): 277 – 284.

Giuliano G, 2017. Provitamin A biofortification of crop plants: a gold rush with many miners [J]. Curr. Opin Biotechnol (44): 169 – 180.

Gómez – Gómez L, Parra – Vega V, Rivas – Sendra A, et al, 2017. Unraveling massive crocins transport and accumulation through proteome and microscopy tools during the development of saffron stigma [J]. Int J Mol Sci (18): 76.

Gonzalez – Jorge S, Mehrshahi P, Magallanes – Lundback M, et al, 2016. Zeaxanthin epoxidase activity potentiates carotenoid degradation in maturing *Arabidopsis* seed [J]. Plant Physiol (171): 1837 – 1851.

Gonzalez – Jorge S, Ha S H, Magallanes – Lundback M, et al, 2013. Carotenoid cleavage dioxygenase4 is a negative regulator of beta – carotene content in *Arabidopsis* seeds [J]. Plant Cell (25): 4812 – 4826.

Grassi S, Piro G, Lee J M, et al, 2013. Comparative genomics reveals candidate carotenoid pathway regulators of ripening watermelon fruit [J]. BMC Genomics (14): 781 – 800.

Guil – Guerrero J L, Rebolloso – Fuentes M M, 2009. Nutrient composition and antioxidant activity of eight tomato (*Lycopersicon esculentum*) varieties [J]. J Food Compos Anal (22): 123 – 129.

Guzman I, Hamby S, Romero J, et al, 2010. Variability of carotenoid biosynthesis in orange colored *Capsicum* spp. [J]. Plant Sci (179): 49 – 59.

Hallin E I, Guo K, Åkerlund H E, 2015. Violaxanthin deepoxidase disulphides and their role in activity and thermal stability [J]. Photosynth Res (124): 191 – 198.

Han Y, Wang X, Chen W, et al, 2014. Differential expression of carotenoid – related genes determines diversified carotenoid coloration in flower petal of *Osmanthus fragrans* [J]. Tree Genet Genomes (10): 329 – 338.

Harding R, Dale J L, Bateson M, 2012. Isolation and functional characterization of banana phytoene synthase genes as potential cis genes [J]. Planta (236): 1585 – 1598.

Hempel J, Amrehn E, Quesada S, et al, 2014. Lipid – dissolved gamma – carotene, beta – carotene, and lycopene in globular chromoplasts of peach palm (*Bactris gasipaes* Kunth) fruits [J]. Planta (240): 37 – 50.

Hou X, Rivers J, León P, et al, 2016. Synthesis and function of apocarotenoid signals in plants [J]. Trends Plant Sci (21): 792 – 803.

Ilg A, Bruno M, Beyer P, et al, 2014. Tomato carotenoid cleavage dioxygenases 1A and 1B: relaxed double bond specificity leads to a plenitude of dialdehydes, mono – apocarotenoids and isoprenoid volatiles [J]. FEBS Open Bio (4): 584 – 593.

Imai A, Takahashi S, Nakayama K, et al, 2013. The promoter of the carotenoid cleavage dioxygenase 4a – 5 gene of *Chrysanthemum morifolium* (CmCCD4a – 5) drives petal – specific transcription of a conjugated gene in the developing flower [J]. J Plant Physiol (170): 1295 – 1299.

Iorizzo M, Senalik D A, Ellison S L, et al, 2013. Genetic structure and domestication of carrot (*Daucus carota* L. subsp. *sativus* L.) (*Apiaceae*)

[J]. Am J Bot (100): 930 – 938.

Jahns P, Holzwarth A R, 2012. The role of the xanthophyll cycle and of lutein in photoprotection of photosystem Ⅱ [J]. Biochim. Biophys. Acta (1817): 182 – 193.

Jarvis P, Lopez – Juez E, 2013. Biogenesis and homeostasis of chloroplasts and other plastids [J]. Nat. Rev. Mol. Cell Biol (14): 787 – 802.

Jeffery J, Holzenburg A, King S, 2012. Physical barriers to carotenoid bioaccessibility. Ultrastructure survey of chromoplast and cell wall morphology in nine carotenoid – containing fruits and vegetables [J]. J. Sci. Food Agric (92): 2594 – 2602.

Jeknić Z, Morré J T, Jeknić S, et al, 2012. Cloning and functional characterization of a gene for capsanthin – capsorubin synthase from tiger lily (*Lilium lancifolium* thunb. 'splendens') [J]. Plant Cell Physiol (53): 1899 – 1912.

Jeong S M, Kim Y J, 2020. Astaxanthin treatment induces maturation and functional change of myeloid – derived suppressor cells in tumor – bearing mice [J]. Antioxidants (9): 350.

Jia H F, Chai Y M, Li C L, et al, 2011. Abscisic acid plays an important role in the regulation of strawberry fruit ripening [J]. Plant Physiol (157): 188 – 199.

Jourdan M, Gagne S, Dubois – Laurent C, et al, 2015. Carotenoid content and root color of cultivated carrot: a candidate – gene association study using an original broad unstructured population [J]. PLOS ONE (10): 19.

Kachanovsky D E, Filler S, Isaacson T, et al, 2012. Epistasis in tomato color mutations involves regulation of phytoene synthase 1 expression by cis – carotenoids [J]. Proc Natl Acad Sci USA (109): 19021 – 19026.

Kambakam S, Bhattacharjee U, Petrich J, et al, 2016. PTOX mediates novel pathways of electron transport in etioplasts of *Arabidopsis* [J]. Mol. Plant (9): 1240 – 1259.

Kang B, Zhao W E, Hou Y, et al, 2010. Expression of carotenogenic genes during the development and ripening of watermelon fruit [J]. Sci Hortic (124): 368 – 375.

Kang L, Ji C Y, Kim S H, et al, 2017. Suppression of the β‐carotene hydroxylase gene increases β‐carotene content and tolerance to abiotic stress in transgenic sweetpotato [J]. Plant Physiol. Biochem (17): 24‐33.

Kato M, 2012. Mechanism of carotenoid accumulation in citrus fruit [J]. J Japanese Soc Hortic Sci (81): 219‐233.

Kilambi H V, Kumar R, Sharma R, et al, 2013. Chromoplast‐specific carotenoid‐associated protein appears to be important for enhanced accumulation of carotenoids in hp1 tomato fruits [J]. Plant Physiol (161): 2085‐2101.

Kilcrease J, Collins A M, Richins R D, et al, 2013. Multiple microscopic approaches demonstrate linkage between chromoplast architecture and carotenoid composition in diverse *Capsicum annuum* fruit [J]. Plant J (76): 1074‐1083.

Kilcrease J, Rodriguez‐Uribe L, Richins R D, et al, 2015. Correlations of carotenoid content and transcript abundances for fibrillin and carotenogenic enzymes in *Capsicum annum* fruit pericarp [J]. Plant Sci. (232): 57‐66.

Kim Y S, Park C S, Oh D K, 2010. Hydrophobicity of residue 108 specifically affects the affinity of human beta‐carotene 15, 15′‐monooxygenase for substrates with two ionone rings [J]. Biotechnol Lett, 32 (6): 847‐853.

Kim J E, Rensing K H, Douglas C J, et al, 2010. Chromoplasts ultrastructure and estimated carotene content in root secondary phloem of different carrot varieties [J]. Planta (231): 549‐558.

Kowalewska Ł, Mazur R, Suski S, et al, 2016. Three‐dimensional visualization of the tubular‐lamellar transformation of the internal plastid membrane network during runner bean chloroplast biogenesis [J]. Plant Cell (28): 875‐891.

Lado J, Cronje P, Alquézar B, et al, 2015. Fruit shading enhances peel color, carotenes accumulation and chromoplast differentiation in red grapefruit [J]. Physiol. Plant, 1 (54): 469‐484.

Lado J, Zacarías L, Gurrea A, et al, 2015. Exploring the diversity in *Citrus* fruit colouration to decipher the relationship between plastid ultrastructure and carotenoid composition [J]. Planta (242): 645‐661.

LaFountain A M, Frank H A, Yuan Y W, 2015. Carotenoid composition of the flowers of *Mimulus lewisii* and related species: implications regarding the prevalence and origin of two unique, allenic pigments [J]. Arch Biochem Biophys (573): 32 - 39.

Lätari K, Wüst F, Hübner M, et al, 2015. Tissue - specific apocarotenoid glycosylation contributes to carotenoid homeostasis in *Arabidopsis* leaves [J]. Plant Physiol (168): 1550 - 1562.

Leivar P, Tepperman J M, Monte E, et al, 2009. Definition of early transcriptional circuitry involved in light - induced reversal of PIF - imposed repression of photomorphogenesis in young *Arabidopsis* seedlings [J]. Plant Cell (21): 3535 - 3553.

Leonelli L, Brooks M D, Niyogi K K, 2017. Engineering the lutein epoxide cycle into *Arabidopsis thaliana* [J]. Proc. Natl. Acad. Sci. USA (114): 7002 - 7008.

Leuenberger M, Morris J M, Chan A M, et al, 2017. Dissecting and modeling zeaxanthin - and lutein - dependent nonphotochemical quenching in *Arabidopsis thaliana* [J]. Proc. Natl. Acad. Sci. USA (114): 7009 - 7017.

Li L, Yang Y, Xu Q, et al, 2012. The *Or* gene enhances carotenoid accumulation and stability during post - harvest storage of potato tubers [J]. Mol. Plant (5): 339 - 352.

Li L, Yuan H, 2013. Chromoplast biogenesis and carotenoid accumulation [J]. Arch Biochem Biophys (539): 102 - 109.

Li L, Yuan H, Zeng Y, et al, 2016. Plastids and carotenoid accumulation [J]. Subcell. Biochem (79): 273 - 293.

Liu L, Wei J, Zhang M, et al, 2012. Ethylene independent induction of lycopene biosynthesis in tomato fruits by jasmonates [J]. J Exp Bot (63): 5751 - 5762.

Liu L, Shao Z, Zhang M, et al, 2015. Regulation of carotenoid metabolism in tomato [J]. Mol. Plant (8): 28 - 39.

Liu X J, Chen X F, Liu H, et al, 2018. Antioxidation and anti - aging activities of astaxanthin geometrical isomers and molecular mechanism involved in *Caenorhabditis elegans* [J]. Journal of Functional Foods (44):

127 – 136.

Liu X, Chen C Y, Wang K C, et al, 2013. Phytochrome interecting factor 3 associates with the histone deacetylase HDA15 in repression of chlorophyll biosynthesis and photosynthesis in etiolated Arabidopsis seedlings [J]. Plant Cell (25): 1258 – 1273.

Liu Y, Zeng S, Sun W, et al, 2014. Comparative analysis of carotenoid accumulation in two goji (*Lycium barbarum* L. and *L. ruthenicum* Murr.) fruits [J]. BMC Plant Biol (14): 1 – 14.

Llorente B, D'Andrea L, Ruiz – Sola M A, et al, 2016. Tomato fruit carotenoid biosynthesis is adjusted to actual ripening progression by a light – dependent mechanism [J]. Plant J (85): 107 – 119.

Llorente B, Martinez – Garcia J F, Stange C, et al, 2017. Illuminating colors: regulation of carotenoid biosynthesis and accumulation by light [J]. Curr. Opin. Plant Biol (37): 49 – 55.

Louro R P, Santiago L J, 2016. Development of carotenoid storage cells in *Bixa orellana* L. seed arils [J]. Protoplasma (253): 77 – 86.

Lu P J, Wang C Y, Yin T T, et al, 2017. Cytological and molecular characterization of carotenoid accumulation in normal and high – lycopene mutant oranges [J]. Sci. Rep (7): 761.

Lundquist P K, Poliakov A, Bhuiyan N H, et al, 2012. The functional network of the *Arabidopsis* plastoglobule proteome based on quantitative proteomics and genome – wide coexpression analysis [J]. Plant Physiol (158): 1172 – 1192.

Luo Z, Zhang J, Li J, et al, 2013. A stay – green protein SlSGR1 regulates lycopene and β – carotene accumulation by interacting directly with SlPSY1 during ripening processes in tomato [J]. New Phytol (198): 442 – 452.

Lv F, Zhou J, Zeng L, et al, 2015. beta – cyclocitral upregulates salicylic acid signalling to enhance excess light acclimation in *Arabidopsis* [J]. J. Exp. Bot (66): 4719 – 732.

Lv P, Li N, Liu H, et al, 2015. Changes in carotenoid profiles and in the expression pattern of the genes in carotenoid metabolisms during fruit development and ripening in four watermelon cultivars [J]. Food Chem

(174): 52 - 59.

Ma G, Zhang L, Matsuta A, et al, 2013. Enzymatic formation of β - citraurin from β - cryptoxanthin and Zeaxanthin by carotenoid cleavage dioxygenase4 in the flavedo of *Citrus* fruit [J]. Plant Physiol (163): 682 - 695.

Ma J, Li J, Zhao J, et al, 2013. Inactivation of a gene encoding carotenoid cleavage dioxygenase (CCD4) leads to carotenoid - based yellow coloration of fruit flesh and leaf midvein in peach [J]. Plant Mol Biol Rep (32): 246 -257.

Ma J, Xu Z, Tan G, et al, 2017. Distinct transcription profile of genes involved in carotenoid biosynthesis among six different color carrot (*Daucus carota* L.) cultivars [J]. Acta Biochim Biophysica Sinica (49): 817 - 826.

Martel C, Vrebalov J, Tafelmeyer P, et al, 2011. The tomato MADS - box transcription factor RIPENING INHIBITOR interacts with promoters involved in numerous ripening processes in a COLORLESS NONRIPENING - dependent manner [J]. Plant Physiol (157): 1568 - 1579.

Martínez - López LA, Ochoa - Alejo N, Martínez O, 2014. Dynamics of the chili pepper transcriptome during fruit development [J]. BMC Genomics (15): 143 - 160.

McCune L M, Kubota C, Stendell - Hollis N R, et al, 2011. Cherries and health: a review [J]. Crit Rev Food Sci Nutr (51): 1 - 12.

McQuinn R P, Giovannoni J J, Pogson B J, 2015. More than meets the eye: from carotenoid biosynthesis, to new insights into apocarotenoid signaling [J]. Curr. Opin. Plant Biol (27): 172 - 179.

Meléndez - Martínez A J, Mapelli - Brahm P, Benítez - González A, et al, 2015. A comprehend - sive review on the colorless carotenoids phytoene and phytofluene [J]. Arch Biochem Biophys (572): 188 - 200.

Mendes A F, Chen C, Gmitter F G, et al, 2011. Expression and phylogenetic analysis of two new lycopene b - cyclases from *Citrus* paradise [J]. Physiol Plant (141): 1 - 10.

Montagnac J A, Davis C R, Tanumihardjo S A, 2009. The nutritional value of cassava for use as a staple food and recent advances for improvement [J]. Compr Rev Food Sci Food Saf (8): 181 - 194.

Moreno J C, Cerda A, Simpson K, et al, 2016. Increased *Nicotiana tabacum* fitness through positive regulation of carotenoid, gibberellin and chlorophyll pathways promoted by *Daucus carota* lycopene b – cyclase (Dclcyb1) expression [J]. J Exp Bot (67): 2325 – 2338.

Mortimer C L, Misawa N, Ducreux L, et al, 2016. Product stability and sequestration mechanisms in *Solanum tuberosum* engineered to biosynthesize high value ketocarotenoids [J]. Plant Biotechnol J (14): 140 – 152.

Mortimer C L, Misawa N, Perez – Fons L, et al, 2017. The formation and sequestration of nonendogenous ketocarotenoids in transgenic *Nicotiana glauca* [J]. Plant Physiol (173): 1617 – 1635.

Murillo E, Giuffrida D, Menchaca D, et al, 2013. Native carotenoids composition of some tropical fruits [J]. Food Chem (140): 428 – 436.

Nakkanong K, Yang J H, Zhang M F, 2012. Carotenoid accumulation and carotenogenic gene expression during fruit development in novel interspecific inbred squash lines and their parents [J]. J Agric Food Chem (60): 5936 – 5944.

Nashilevitz S, Melamed – Bessudo C, Izkovich Y, et al, 2010. An orange ripening mutant links plastid NAD (P) H dehydrogenase complex activity to central and specialized metabolism during tomato fruit maturation [J]. Plant Cell (22): 1977 – 1997.

Neuman H, Galpaz N, Cunningham F X, et al, 2014. The tomato mutation nxd1 reveals a gene necessary for neoxanthin biosynthesis and demonstrates that violaxanthin is a sufficient precursor for abscisic acid biosynthesis [J]. Plant J (78): 80 – 93.

Nisar N, Li L, Lu S, et al, 2015. Carotenoid metabolism in plants [J]. Mol Plant (8): 68 – 82.

Nishimura K, Kato Y, Sakamoto W, 2016. Chloroplast proteases: updates on proteolysis within and across suborganellar compartments [J]. Plant Physiol (171): 2280 – 2293.

Niyogi K K, Truong T B, 2013. Evolution of flexible non – photochemical quenching mechanisms that regulate light harvesting in oxygenic photosynthesis [J]. Curr. Opin. Plant Biol (16): 307 – 314.

Nogueira M, Mora L, Enfissi E M A, et al, 2013. Subchromoplast sequestration of carotenoids affects regulatory mechanisms in tomato lines expressing different carotenoid gene combinations [J]. Plant Cell (25): 4560 - 4579.

Obrero Á, González - Verdejo C I, Die J V, et al, 2013. Carotenogenic gene expression and carotenoid accumulation in three varieties of *Cucurbita pepo* during fruit development [J]. J Agric Food Chem (61): 6393 - 6403.

Ohmiya A, Sumitomo K, Aida R, 2009. 'Yellow Jimba': suppression of carotenoid cleavage dioxygenase (CmCCD4a) expression turns white chrysanthemum petals yellow [J]. J Japanese Soc Hortic Sci (78): 450 - 455.

Ohmiya A, 2013. Qualitative and quantitative control of carotenoid accumulation in flower petals [J]. Sci Hortic (Amsterdam) (163): 10 - 19.

Otton R, Marin D P, Bolin A P, et al, 2010. Astaxanthin ameliorates the redox imbalance in lymphocytes of experimental diabetic rats [J]. Chemico - Biological Interactions, 186 (3): 306 - 315.

Owens B F, Lipka A E, Magallanes - Lundback M, et al, 2014. A foundation for provitamin A biofortifification of maize: genome - wide association and. genomic prediction models of carotenoid levels [J]. Genetics (198): 1699 - 1716.

Pan Z, Zeng Y, An J, et al, 2012. An integrative analysis of transcriptome and proteome provides new insights into carotenoid biosynthesis and regulation in sweet orange fruits [J]. J Proteomics (75): 2670 - 2684.

Park J S, Mathison B D, Hayek M G, et al, 2011. Astaxanthin stimulates cell - mediated and humoral immune responses in cats [J]. Veterinary Immunology and Immunopathology, 144 (3/4): 455 - 461.

Park S, Kim H S, Jung Y J, et al, 2016. Orange protein has a role in phytoene synthase stabilization in sweetpotato [J]. Sci. Rep, 6 (1): 1 - 12.

Park S C, Kim S H, Park S, et al, 2015. Enhanced accumulation of carotenoids in sweetpotato plants overexpressing IbOr - Ins gene in purple - flfleshed sweetpotato cultivar [J]. Plant Physiol. Biochem (86): 82 - 90.

Pasare S, Wright K, Campbell R, et al, 2013. The sub - cellular localisation of the potato (*Solanum tuberosum* L.) carotenoid biosynthetic enzymes，CrtRb2 and PSY2 [J]. Protoplasma (250)：1381 - 1392.

Paul J Y, Khanna H, Kleidon J, et al, 2016. Golden bananas in the fifield：elevated fruit pro - vitamin A from the expression of a single banana transgene [J]. Plant Biotechnol J (15)：520 - 532.

Peng G, Wang C, Song S, et al, 2013. The role of 1 - deoxy - d - xylulose - 5 - phosphate synthase and phytoene synthase gene family in *Citrus* carotenoid accumulation [J]. Plant Physiol Biochem (71)：67 - 76.

Perrin F, Brahem M, Dubois - Laurent C, et al, 2016. Differential pigment accumulation in carrot leaves and roots during two growing periods [J]. J Agric Food Chem, 6 (4)：906 - 912.

Perrin F, Dubois - Laurent C, Gibon Y, et al, 2017. Combined *Alternaria dauci* infection and water stresses impact carotenoid content of carrot leaves and roots [J]. Environ Exp Bot (143)：125 - 134.

Perrin F, Hartmann L, Dubois - Laurent C, et al, 2017. Carotenoid gene expression explains the difference of carotenoid accumulation in carrot root tissues [J]. Planta (245)：737 - 747.

Philipp Simon, Massimo Iorizzo, Dariusz Grzebelus, et al, 2019. The Carrot Genome [M]. Springer, Cham.

Polotow T G, Vardaris C V, Mihaliuc A R, et al, 2014. Astaxanthin supplementation delays physical exhaustion and prevents redox imbalances in plasma and soleus muscles of wistar rats [J]. Nutrients (6)：5819 - 5838.

Pulido P, Toledo - Ortiz G, Phillips M A, et al, 2013. *Arabidopsis* J - protein J20 delivers the first enzyme of the plastidial isoprenoid pathway to protein quality control [J]. Plant Cell (25)：4183 - 4194.

Qin X, Fischer K, Yu S, et al, 2016. Distinct expression and function of carotenoid metabolic genes and homoeologs in developing wheat grains [J]. BMC Plant Biol (16)：155.

Ramel F, Birtic S, Ginies C, et al, 2012. Carotenoid oxidation products are stress signals that mediate gene responses to singlet oxygen in plants [J]. Proc. Natl. Acad. Sci. USA (109)：5535 - 5540.

Rodrigo M J, Alquézar B, Alós E, et al, 2013. A novel carotenoid cleavage activity involved in the biosynthesis of *Citrus* fruit - specific apocarotenoid pigments [J]. J Exp Bot (64): 4461 - 4478.

Rodrigo M J, Alquézar B, Alós E, et al, 2013a. Biochemical bases and molecular regulation of pigmentation in the peel of *Citrus* fruit [J]. Sci Hortic (163): 42 - 62.

Rodriguez - Concepcion M, 2010. Supply of precursors for carotenoid biosynthesis in plants [J]. Arch Biochem Biophys (504): 118 - 122.

Rodriguez - Concepcion M, Stange C, 2013. Biosynthesis of carotenoids in carrot: an underground story comes to light [J]. Arch Biochem Biophys (539): 110 - 116.

Rodriguez - Concepcion M, Boronat A, 2015. Breaking new ground in the regulation of the early steps of plant isoprenoid biosynthesis [J]. Curr Opin Plant Biol (25): 17 - 22.

Rodriguez - Uribe L, Guzman I, Rajapakse W, et al, 2012. Carotenoid accumulation in orange - pigmented *Capsicum annuum* fruit, regulated at multiple level [J]. J Exp Bot (63): 517 - 526.

Rodriguez - Villalón A, Gas E, Rodriguez - Concepcion M, 2009. Phytoene synthase activity controls the biosynthesis of carotenoids and the supply of their metabolic precursors in dark - grown *Arabidopsis* seedlings [J]. Plant J (60): 424 - 435.

Rottet S, Devillers J, Glauser G, et al, 2016. Identification of plastoglobules as a site of carotenoid cleavage [J]. Front. Plant Sci (7): 1855.

Ruban A V, 2016. Nonphotochemical chlorophyll fluorescence quenching: mechanism and effectiveness in protecting plants from photodamage [J]. Plant Physiol (170): 1903 - 1916.

Rubio - Moraga A, Rambla J L, Fernández - de - Carmen A, et al, 2014. New target carotenoids for CCD4 enzymes are revealed with the characterization of a novel stress - induced carotenoid cleavage dioxygenase gene from *Crocus sativus* [J]. Plant Mol Biol (86): 555 - 569.

Ruiz - Sola M A, Coman D, Beck G, et al, 2016. *Arabidopsis* GERANYLGERANYL DIPHOSPHATE SYNTHASE 11 is a hub isozyme required for the production of most photosynthesis - related isoprenoids [J]. New Phytol (209): 252 - 264.

Sagawa J M, Stanley L E, LaFountain A M, et al, 2016. An R2R3 - MYB transcription factor regulates carotenoid pigmentation in *Mimulus lewisii* flowers [J]. New Phytol (209): 1049 - 1057.

Samanta M, Yong Zhu, 2016. Health and funtion [J]. Nutrafoods (15): 179 - 188.

Schaub P, Wuest F, Koschmieder J, et al, 2017. Non - enzymatic β - carotene degradation in provitamin A - biofortified crop plants [J]. J. Agric. Food Chem (6) 5: 6588 - 6598.

Schweiggert R M, Steingass C B, Heller A, et al 2011. Characterization of chromoplasts and carotenoids of red - and yellow - fleshed papaya (*Carica papaya* L.) [J]. Planta (234): 1031 - 1044.

Schweiggert R M, Steingass C B, Heller A, et al, 2011. Characterization of chromoplasts and carotenoids of red - and yellow - fleshed papaya (*Carica papaya* L.) [J]. Planta (234): 1031 - 1044.

Schweiggert R M, Steingass C B, Mora E, et al, 2011. Carotenogenesis and physic - chemical characteristics during maturation of red fleshed papaya fruit (*Carica papaya* L.) [J]. Food Res Int (44): 1373 - 1380.

Schweiggert R M, Carle R, 2017. Carotenoid deposition in plant and animal foods and its impact on bioavailability [J]. Crit. Rev. Food Sci. Nutr (57): 1807 - 1830.

Seymour G B, Poole M, Giovannoni J J, et al, 2013. The molecular biology and biochemistry of fruit ripening [M]. Blackwell Publishing Ltd.

Shen H, Kuo C C, Chou J, et al, 2009. Astaxanthin reduces ischemic brain injury in adult rats [J]. Faseb Journal, 23 (6): 1958 - 1968.

Shumbe L, Bott R, Havaux M, 2014. Dihydroactinidiolide, a high light - induced beta - carotene derivative that can regulate gene expression and photoacclimation in *Arabidopsis* [J]. Mol. Plant (7): 1248 - 1251.

Shumbe L, D'Alessandro S, Shao N, et al, 2017. Methylene blue sensitivity 1 (MBS1) is required for acclimation of *Arabidopsis* to singlet oxygen and acts downstream of beta - cyclocitral [J]. Plant Cell Environ (40): 216 - 226.

Shumskaya M, Wurtzel E T, 2013. The carotenoid biosynthetic pathway:

thinking in all dimensions [J]. Plant Sci (208): 58 – 63.

Simionato D, Basso S, Zaffagnini M, et al, 2015. Protein redox regulation in the thylakoid lumen: the importance of disulfide bonds for violaxanthin de – epoxidase [J]. FEBS Lett (589): 919 – 923.

Simon P W, Pollak L M, Clevidence B A, et al, 2009. Plant breeding for human nutritional quality [J]. Plant Breed Rev (31): 325 – 392.

Simpson K, Cerda A, Stange C, 2016. Carotenoid biosynthesis in *Daucus carota* [M] //. Carotenoids in nature. Stange C. Subcellular biochemistry.

Simpson K, Quiroz L F, Rodriguez – Concepcion M, et al, 2016. Differential contribution of the first two enzymes of the MEP pathway to the supply of metabolic precursors for carotenoid and chlorophyll biosynthesis in carrot (*Daucus carota*) [J]. Front Plant Sci (7): 1344.

Solovchenko A, and Neverov K, 2017. Carotenogenic response in photosynthetic organisms: a colorful story [J]. Photosynth. Res (133): 31 – 47.

Soufflet – Freslon V, Jourdan M, Clotault J, et al, 2013. Functional gene polymorphism to reveal species history: the case of the CRTISO gene in cultivated carrots [J]. PLOS ONE (8): 13.

Stange C, 2016. Carotenoids in Nature [M]. Springer International Publishing.

Stange Klein C, Rodriguez – Concepcion M, 2015. Carotenoids in carrots. [M] // Pigments in fruits and vegetables. Chen C. Springer, New York, 217 – 228.

Stinco C M, Rodriguez – Pulido F J, Escudero – Gilete M L, et al, 2013. Lycopene isomers in fresh and processed tomato products: Correlations with instrumental color measurements by digital image analysis and spectroradiometry [J]. Food Res Int (50): 111 – 120.

Stolarczyk J, Janick J, 2011. Carrot: History and iconography [J]. Chron Hortic (51): 13 – 18.

Su L, Hou P, Song M, et al, 2015. Synergistic and antagonistic action of Phytochrome (Phy) A and PhyB during seedling de – etiolation in *Arabidopsis thaliana* [J]. Int. J. Mol. Sci (16): 12199 – 12212.

Su T, Yu S, Zhang J, et al, 2014. Loss of function of the carotenoid isomerase gene BrCRTISO confers orange color to the inner leaves of Chinese cabbage (*Brassica rapa* L. ssp. *pekinensis*) [J]. Plant Mol Biol Report (33): 648 - 659.

Sun T, Yuan H, Cao H, et al, 2018. Carotenoid metabolism in plants: the role of plastids [J]. Mol Plant (11): 58 - 74.

Tian L, 2015. Recent advances in understanding carotenoid - derived signaling molecules in regulating plant growth and development [J]. Front. Plant Sci (6): 790.

Sun T, Yuan H, Cao H, et al, 2018. Carotenoid Metabolism in Plants: The Role of Plastids [J]. Molecular Plant, 11 (1): 58 - 74.

Toledo - Ortiz G, Huq E, Rodriguez - Concepcion M, 2010. Direct regulation of phytoene synthase gene expression and carotenoid biosynthesis by phytochrome - interacting factors [J]. Proc Natl Acad Sci USA (107): 11626 - 11631.

Tranbarger T J, Dussert S, Joët T, et al, 2011. Regulatory mechanisms underlying oil palm fruit mesocarp maturation, ripening, and functional specialization in lipid and carotenoid metabolism [J]. Plant Physiol (156): 564 - 584.

Tuan P A, Kim J K, Park N II, et al, 2011. Carotenoid content and expression of phytoene synthase and phytoene desaturase genes in bitter melon (*Momordica charantia*) [J]. Food Chem (126): 1686 - 1692.

Tzuri G, Zhou X, Chayut N, et al, 2015. A 'golden' SNP in CmOr governs fruit flesh color of melon (*Cucumis melo*) [J]. Plant J (82): 267 - 279.

Vallabhaneni R, Wurtzel E T, 2009. Timing and biosynthetic potential for carotenoid accumulation in genetically diverse germplasm of maize [J]. Plant Physiol (150): 562 - 572.

Van Norman J M, Zhang J, Cazzonelli C I, et al, 2014. Periodic root branching in *Arabidopsis* requires synthesis of an uncharacterized carotenoid derivative [J]. Proc. Natl. Acad. Sci. USA (111): 1300 - 1309.

Van Wijk K J, Kessler F, 2017. Plastoglobuli: plastid microcompartments with integrated functions in metabolism, plastid developmental transitions, and environmental adaptation [J]. Annu. Rev. Plant Biol (68):

253 - 289.

Veberic R, Jurhar J, Mikulic - Petkovsek M, et al, 2010. Comparative study of primary and secondary metabolites in 11 cultivars of persimmon fruit (*Diospyros kaki* L.) [J]. Food Chem (119): 477 - 483.

Walter M, Floss D, Strack D, 2010. Apocarotenoids: hormones, mycorrhizal metabolites and aroma vola - tiles [J]. Planta (232): 1 - 17.

Walter M H, Strack D, 2011. Carotenoids and their cleavage products: biosynthesis and functions [J]. Nat Prod Rep (28): 663 - 692.

Wang C, Zeng J, Li Y, et al, 2014. Enrichment of provitamin A content in wheat (*Triticum aestivum* L.) by introduction of the bacterial carotenoid biosynthetic genes CrtB and CrtI [J]. J. Exp. Bot (65): 2545 - 2556.

Wang H, Ou C G, Zhuang F Y, et al, 2014. The dual role of phytoene synthase genes in carotenogenesis in carrot roots and leaves [J]. Mol Breed (34): 2065 - 2079.

Wang Y Q, Yang Y, Fei Z, et al, 2013. Proteomic analysis of chromoplasts from six crop species reveals insights into chromoplast function and development [J]. J Exp Bot (64): 949 - 961.

Wei X, Chen C, Yu Q, et al, 2014. Comparison of carotenoid accumulation and biosynthetic gene expression between Valencia and Rohde Red Valencia sweet oranges [J]. Plant Sci (227): 28 - 36.

Welsch R, Arango J, Bär C, et al, 2010. Provitamin A accumulation in cassava (*Manihot esculenta*) roots driven by a single nucleotide polymorphism in a phytoene synthase gene [J]. Plant Cell (22): 3348 - 3356.

Weng L, Zhao F, Li R, et al, 2015. The zinc finger transcription factor SlZFP2 negatively regulates abscisic acid biosynthesis and fruit ripening in tomato [J]. Plant Physiol (167): 931 - 949.

Wu Z, Liu Z, Chang S, et al, 2020. An EMS mutant library for carrot and genetic analysis of some mutants [J]. Breed Sci, 70 (5): 540 - 546.

Xu X, Chi W, Sun X, et al, 2016. Convergence of light and chloroplast signals for de - etiolation through ABI4 - HY5 and COP1 [J]. Nat. Plants (2): 16066.

Yamagishi M, Kishimoto S, Nakayama M, 2010. Carotenoid composition and changes in expression of carotenoid biosynthetic genes in tepals of asiatic hybrid lily [J]. Plant Breed (129): 100 - 107.

Yamamizo C, Kishimoto S, Ohmiya A, 2010. Carotenoid composition and carotenogenic gene expression during *Ipomoea* petal development [J]. J Exp Bot (61): 709 - 719.

Yan J, Kandianis C B, Harjes C E, et al, 2010. Rare genetic variation at Zea mays crtRB1 increases beta - carotene in maize grain [J]. Nat. Genet (42): 322 - 327.

Yasui Y, Hosokawa M, Mikami N, et al, 2011. Dietary astaxanthin inhibits colitis and colitis - associated colon carcinogenesis in mice via modulation of the inflammatory cytokines [J]. Chemico - Biological Interactions, 193 (1): 79 - 87.

Yi X, Xu W, Zhou H, et al, 2014. Effects of dietary astaxanthin and xanthophylls on the growth and skin pigmentation of large yellow croaker larimichthys croceus [J]. Aquaculture (433): 377 - 383.

Yuan H, Owsiany K, Sheeja T E, et al, 2015. A single amino acid substitution in an ORANGE protein promotes carotenoid overaccumulation in *Arabidopsis* [J]. Plant Physiol (169): 421 - 431.

Yuan H, Zhang J, Nageswaran D, et al, 2015. Carotenoid metabolism and regulation in horticultural crops [J]. Hortic. Res (2): 15036.

Zeng J, Wang X, Miao Y, et al, 2015. Metabolic engineering of wheat provitamin A by simultaneously overexpressing CrtB and silencing carotenoid hydroxylase (TaHYD) [J]. J. Agric. Food Chem (63): 9083 - 9092.

Zeng Y, Du J, Wang L, et al, 2015. A comprehensive analysis of chromoplast differentiation reveals complex protein changes associated with plastoglobule biogenesis and remodelling of protein systems in orange flesh [J]. Plant Physiol (168): 1648 - 1665.

Zeng Y, Pan Z, Ding Y, et al, 2011. A proteomic analysis of the chromoplasts isolated from sweet orange fruits [*Citrus sinensis* (L.) Osbeck] [J]. J Exp Bot (62): 5297 - 5309.

Zhai S, Xia X, He Z, 2016. Carotenoids in staple cereals: metabolism, regulation, and genetic manipulation [J]. Front. Plant Sci (7): 1197.

Zhang J, Guo S, Ren Y, et al, 2017. High - level expression of a novel chromoplast phosphate transporter ClPHT4; 2 is required for flesh color development in watermelon [J]. New Phytol (213): 1208 - 1211.

Zhang J, Yuan H, Fei Z, et al, 2015. Molecular characterization and transcriptome analysis of orange head Chinese cabbage (*Brassica rapa* L. ssp. *pekinensis*) [J]. Planta (241): 1381 - 1394.

Zhang M K, Zhang M P, Mazourek M, et al, 2014. Regulatory control of carotenoid accumulation in winter squash during storage [J]. Planta (240): 1063 - 1074.

Zhang X S, Zhang X, Wu Q, et al, 2014. Astaxanthin offers neuroprotection and reduces neuroinflammation in experimental subarachnoid hemorrhage [J]. The Journal of Surgical Research, 192 (1): 206 - 213.

Zhang X, Zhao W E, Hu L Q, et al, 2011. Carotenoids inhibit proliferation and regulate expression of peroxisome proliferators - activated recepto Rgamma (PPARγ) in K562 cancer cells [J]. Archives of Biochemistry and Biophysics, 512 (1): 96 - 106.

Zhao D, Zhou C, Tao J, 2011. Carotenoid accumulation and carotenogenic genes expression during two types of persimmon fruit (*Diospyros kaki* L.) development [J]. Plant Mol Biol Rep (29): 646 - 654.

Zheng X, Xie Z, Zhu K, et al, 2015. Isolation and characterization of carotenoid cleavage dioxygenase 4 genes from different citrus species [J]. Mol Genet Genomics (290): 1589 - 1603.

Zhong S, Fei Z, Chen Y R, et al, 2013. Single - base resolution methylomes of tomato fruit development reveal epigenome modifications associated with ripening [J]. Nat. Biotechnol (31): 154 - 159.

Zhou C, Zhao D, Sheng Y, et al, 2011. Carotenoids in fruits of different persimmon cultivars [J]. Molecules (16): 624 - 636.

Zhou L, Ouyang L, Lin S, et al, 2018. Protective role of β - carotene against oxidative stress and neuroinflammation in a rat model of spinal cord injury [J]. Int Immunopharmacol (61): 92 - 99.

Zhou X, McQuinn R, Fei Z, et al, 2011. Regulatory control of high levels of carotenoid accumulation in potato tubers [J]. Plant Cell Environ (34):

1020 – 1030.

Zhou X, Welsch R, Yang Y, et al, 2015. *Arabidopsis* OR proteins are the major posttranscriptional regulators of phytoene synthase in controlling carotenoid biosynthesis [J]. Proc. Natl. Acad. Sci. USA (112): 3558 – 3563.

Zhu C, Yang Q, Ni X, et al, 2014. Cloning and functional analysis of the promoters that upregulate carotenogenic gene expression during flower development in *Gentiana lutea* [J]. Physiol Plant (150): 493 – 504.

Zhu H, Chen M, Wen Q, et al, 2015. Isolation and characterization of the carotenoid biosynthetic genes *LCYB*, *LCYE* and *CHXB* from strawberry and their relation to carotenoid accumulation [J]. Sci Hortic (182): 134 – 144.

Zhu X M, Li M Y, Liu X Y, et al, 2020. Effects of dietary astaxanthin on growth, blood biochemistry, antioxidant, immune and inflammatory response in lipopolysaccharide – challenged *Channa argus* [J]. Aquaculture Research, 51 (5): 1980 – 1991.

图书在版编目（CIP）数据

园艺植物中的类胡萝卜素 / 武喆编著 . —北京：
中国农业出版社，2021.11
　　ISBN 978-7-109-29548-3

　　Ⅰ . ①园… 　Ⅱ . ①武… 　Ⅲ . ①园艺作物－类胡萝卜素
Ⅳ . ①S601

中国版本图书馆 CIP 数据核字（2022）第 099186 号

园艺植物中的类胡萝卜素
YUANYI ZHIWU ZHONG DE LEIHULUOBOSU

中国农业出版社出版
地址：北京市朝阳区麦子店街 18 号楼
邮编：100125
责任编辑：冀　刚
版式设计：杨　婧　　责任校对：吴丽婷
印刷：北京科印技术咨询服务有限公司
版次：2021 年 11 月第 1 版
印次：2021 年 11 月北京第 1 次印刷
发行：新华书店北京发行所
开本：850mm×1168mm　1/32
印张：5.25　　插页：2
字数：160 千字
定价：38.00 元